低调是一种智慧、
一种境界、一种哲学。

低调做人

肖辅臣编著

不吃亏

经典珍藏版

中国华侨出版社

图书在版编目 (CIP) 数据

　　低调做人不吃亏／肖辅臣 编著.—北京：中国华侨出版社，

2010.11

　　ISBN 978-7-5113-0861-0

　　Ⅰ.①低…　　Ⅱ.①肖…　　Ⅲ.人生哲学–通俗读物
Ⅳ.①B821-49

　　中国版本图书馆 CIP 数据核字　(2010)　第 215851 号

● 低调做人不吃亏

编　　著／肖辅臣
责任编辑／文　心
版式设计／丽泰图文设计工作室／桃子
经　　销／全国新华书店
开　　本／710×1000 毫米　　1/16 开　　　印张/17　　　字数/238 千字
印　　刷／三河市华润印刷有限公司
版　　次／2011 年 1 月第 1 版　　2011 年 1 月第 1 次印刷
书　　号／ISBN 978-7-5113-0861-0
定　　价／29.80 元

中国华侨出版社　　北京市朝阳区静安里 26 号　　邮编：100028
法律顾问：陈鹰律师事务所
编辑部：(010) 64443056　　64443979
发行部：(010) 64443051　　传真：(010) 64439708
网　　址：www.oveaschin.com
e-mail：oveaschin@sina.com

低调做人路好走

　　低调做人是一种境界，一种修养，一种勇气，一种智慧，一种去留无意的胸襟，一种宠辱不惊的情怀。

　　秦兵马俑坑至今已出土各种陶俑1000多尊，除跪射俑外，皆有不同程度的损坏，这尊跪射俑是保存最完整的唯一一尊未经人工修复的。仔细观察，就连衣纹和发丝都还清晰可见。

　　跪射俑何以能保存得如此完整？这得益于它的低姿态。首先，兵马俑坑都是地下道式土木结构建筑，当棚顶塌陷，土木俱下时，高大的立姿俑首当其冲，低姿的跪射俑受损害就小一些。其次，跪射俑作蹲跪姿，右膝、右足、左足三个支点呈等腰三角形支撑着上体，重心在下，增加了稳定性，与两足站立的立姿俑相比，不容易倾倒、破碎。因此，在经历了两千年的岁月风霜后，它依然能完整地呈现在我们面前。

　　做人也一样，如果能低调一点，宽容一点，就更容易为人们所悦纳、所赞赏、所钦佩，这正是我们为人处世的根基。根基既固，才有枝繁叶茂，硕果累累；倘若根基浅薄，便难免枝衰叶弱，经不住风吹雨打。

　　被称为美国人之父的富兰克林，年轻时曾去拜访一位德高望重的老前辈。那时他年轻气盛，挺胸抬头迈着大步，一进门他的头就狠狠地撞在门框上，疼得他不住地用手揉搓。出来迎接他的前辈看到他这副样子，笑笑说："很痛吧！可是，这将是你今天访问我的最大收获。一个人要想平安地生活在世上，就必须时刻记住：该低头时要低头。这也是我要教你的事情。"

　　富兰克林把这次拜访得到的教导看成是一生最大的收获，并把它列为自己的生活准则之一。富兰克林从这一准则中受益终生，后来，他的功勋卓越，成为一代伟人。他在一次谈话中说："这一启发帮了我的大忙。"这个故事说明，无论你是一个多么伟大的人物，你都必须懂得低调做人的哲学，这是一种做人的智慧。

　　古人云："木秀于林,风必摧之；人高于众，众必非之。"低调做人，不仅可以保护自己，使自己更好地融入人群，与人们和谐相处，也可以让你暗中积蓄力量、悄然潜行，在不显山不露水之中成就事业！反之，如果一个人不懂得内敛，不懂得谦和，处处都要抢出风头，锋芒毕露，势必就难与别人和谐相处，人际关系就将陷入可怕的沼泽地！

　　地低成海，人低成王。低调务实是做人大智大勇的表现，也是成就一番事业的基础。

第一章 大音希声，大象无形

低调做人是一种境界也是一种智慧。有的人止于形，以售其貌；有的人止于勇，而呈其力；有的人止于心，只用其技；有的人达于理，而用其智。诸葛亮戎马一生，气吞曹吴，却不披一甲，不佩一刃；毛泽东指挥军民万众，在战火中打出一个新中国，却不背枪支，不受军衔。大音希声，大象无形，大智之人，不耽于形，不逐于力，不持于技。他们淡淡地生活，静静地思考，执著地进取，直进到智慧高地，自由地驾驭规律，而永葆人生的至高点。

第二章 虚怀若谷，海纳百川

虚怀若谷，不是一味的谦让无主见，而是一种最高层次的自信。虚怀若谷，就是既有自己做人"底线"，同时又有"海纳百川，有容乃大"的胸襟。低调做人豁达大度、胸怀宽阔，这也是一个人有修养的表现。中国过去有句俗话，叫做"宰相肚里能行船"。姑且不论那些宰相是不是有肚量的人，但人们习惯把那些具有像大海一样广泛胸怀的人看做是可敬的人。

第三章 路窄让一步，味浓减三分

"径路窄处，留一步与人行；滋味浓的，减三分与人尝"，此乃处世求安之法。路窄留给他人行，味浓让与别人尝，律己忘功不忘过，待人忘怨不忘恩，我有功于人不可念。路窄让一步不是软弱，也不是窝囊；不是无能，也不是麻木；不是放弃对真理的追求，也不是放弃对原则的维护；不是人格的沦没，更不同于向敌人的屈服。谦虚忍让是一种美德，是一种风范，是一种高尚的境界，是一种无私的胸怀。

第四章 傲气不能有，收起你的优越感

一切真正伟大的东西，都是淳朴而谦逊的。世上凡是有真才实学者，无一不是谦虚谨慎之人。那些盛气凌人、傲慢自负、自我感觉良好的人，也许某一方面的确高人一等，优人一招，但往往都是故弄玄虚，最终只能落得遭人唾弃的下场。切记：傲气十足只能给人半瓶子醋的感觉，只会妨碍自己的前程。

第五章 荣辱不惊，得意不忘形失意不失态

　　"荣辱不惊"深刻地道出了人生对事对物、对名对利应有的态度：得之不喜、失之不忧、宠辱不惊、去留无意。这样才可能心境平和、淡泊自然。生命是一种轮回，人生之旅，去日不远，来日无多，权与势，名与利都是过眼烟云，只有淡泊才是人生的永恒。何必去把个人的得失看得太重，又何苦去沉吟事态的炎凉？得意不忘形，失意不失态，遇事拿得起，放得下，想得开，淡泊为怀，知足且常乐矣。

第六章 低调务实，少说多干最自在

低调务实是一种修养，也是一种对人生的理解，其中蕴含着诸多值得品味的哲理。低调务实就是要把自己调整到一个合理的心态，踏踏实实做人。认认真真做事，持之以恒谋发展，不要将精力、物力浪费在一些没有实际意义的事情上。唯有如此，才能少麻烦、多做事、快见效。

第七章 韬光养晦，成大业者能伸能屈

韬光养晦的本意是"隐藏才能，不使外露"，是春秋战国时越国勾践卧薪尝胆的大隐大忍，是刘备在曹操煮酒论英雄时所表现的大智大谋。历史上，因为成功运用韬光养晦的谋略而胜，因为不懂韬光养晦的道理而败的事例比比皆是。无数实践证明，韬光养晦，对于一个民族、一个国家、一个集体，直至个人的命运兴衰，都具有十分重大的意义。

第一章
大音希声，大象无形

低调做人是一种境界也是一种智慧。有的人止于形，以售其貌；有的人止于勇，而呈其力；有的人止于心，只用其技；有的人达于理，而用其智。诸葛亮戎马一生，气吞曹吴，却不披一甲，不佩一刃；毛泽东指挥军民万众，在战火中打出一个新中国，却不背枪支，不受军衔。大音希声，大象无形，大智之人，不耽于形，不逐于力，不持于技。他们淡淡地生活，静静地思考，执著地进取，直进到智慧高地，自由地驾驭规律，而永葆人生的至高点。

DiDiaoZuoRen
BuChiKui

1.雄辩是银，沉默是金

西方有谚语："雄辩是银，沉默是金。"老子说："真正的雄辩与讷言相同。""不言而言"这句话出自庄子，指人以沉默的方式来说服别人，用无言战术来达到目的。由此，不难得出这种结论：沉默有无穷的力量。

沉默是金，懂得沉默也是一种能力。适时的沉默是低调做人的智慧金诀。巧妙地应用它，你将会得到意想不到的收效。

三国时期，魏太祖曹操的二儿子曹植才思敏捷，聪明能干，很得曹操的宠爱，他决心废掉太子曹丕，而立曹植。废长立幼在封建社会被认为是政治生活不正常的事情，往往会引发动乱不安，所以大臣们总要据理力争，往往不惜献出生命。但做皇帝的人却往往不愿意听从臣子的意见，双方会闹得很僵。曹操也是这样，自己下了废长立幼的决心，便不再愿意听臣子讨论这件事。

有一次，曹操退下左右侍从，引谋士贾诩进入密室，向贾诩问话，贾却沉默不语。曹操再问，贾还是不答。这样一连几次发问后，曹操生气了，责问贾诩："和你讲话却不回答，到底为什么？"贾诩回答："对不起，刚才正好考虑一个问题，所以没有立即回答。"曹操追问："想到了什么？"贾答："想到了袁本初、刘景升父子。"曹操大笑，决心不再废长立幼。

袁本初、刘景升父子是怎么回事呢？为什么曹操听到这样简单

的一句话就会回心转意？袁本初即袁绍，是东汉末年崛起的大军阀，占据了青、幽、并、冀四州，成为北方最大的割据势力。袁绍有四个儿子：谭、尚、熙、实。袁绍认为二儿子袁尚长得像自己，有心培养他为接班人，留他在身边，而把其他几个儿子放为外任，让他们一人领一个州。大儿子袁谭不服，于是弟兄两个各自组成一个派别，彼此争斗，势如水火。等到两败俱伤，曹操坐收渔人之利，各个击破了袁谭、袁尚。刘景升即是刘表，东汉末任荆州牧，成为一方霸主。刘表和妻子都喜欢小儿子刘琮，想立他为后嗣。最有实力的将领蔡瑁、张允攀附刘琮，结为死党。刘表把长子刘琦赶出去，到江夏做了太守。许多大臣便尊奉刘琮为刘家继承人，于是弟兄两个结下怨仇，终生不和。

袁绍、刘表都废长立幼，酿下了苦酒，这些事情又都是刚刚发生过的，"前车之覆，后车之鉴"，曹操为自己长远的政治利益考虑，自然愿意接受批评，改正原来的决定。贾诩并不是不知道争太子是一件难度极大的事情，他也不可能不提前做周密的考虑，设想多种方案。曹操连问不答，难道真的听不见？贾诩只是为了使曹操发问，自己为自己制造一种说话的环境而已。曹操一追问，贾诩便很自然地托出自己早已想好的话。

这种方法在现代也经常被人们采用。有些政治家在谈判时爱装聋扮哑，为了使自己的意见能被接受，故意对别人提出的意见充耳不闻。

周武王伐纣王取得殷后，听说殷有个长者，武王就去拜访他，问他殷之所以灭亡的原因。这个长者回答说："大王想知道这个，那么就让我在中午的时候来告诉你吧。"然而到了中午，那位长者却没来，武王因此很生气，暗暗责怪他。可周公说："我知道了，这位长者真是君子呀！他义不诽主。像那和人约好了而不来，言而无信，这不正是殷之所以灭亡的原因吗？这位长者已经以他的行为告诉大王了。"

在与人相处的过程中，简洁地传达你的看法，然后你就保持沉默，留一个宁静的空间给别人去慢慢思考，一个意想不到的主意就有可能因此而诞生。在你批评别人时，适当的沉默可能起到此时无声胜有声的效果。通常来讲，当你批评他人时，那人一定情绪相当激动。他可能不但不虚心接受意见，而且还会反唇相讥，使出浑身解数为自己开脱。这时的你，最好就保持沉默吧。

请相信，你的沉默、你的无言是对当事人的一种威慑。这既显示出了你宽广的胸怀与大度的品格，又使对方觉得自己始终是一个打破宁静的破坏者，他的态度也会就此改变。你的沉默并非是对矛盾的回避、对错误的迁就，而是在提醒对方，冷静才是解决问题之道。在无声的战场上，情绪越是强烈的人，越是会被周围的人判定为他就是事端的挑起者。

"沉默"是你的缓兵之计，也许你最不愿意看到的情形就是别人之间的内部争执。争执的结果是将和谐的人际关系搞得一团糟，谁还能安心专注于做事呢？适当保持沉默吧，等争执的双方失去了精神上的亢奋、精疲力竭之后，再发表你的意见也不迟。请记住，头脑发热时的人们只想向外发散能量，谁会再去接受你的善言切语呢？你的沉默使矛盾冲突趋于缓和，当人们争辩得不可开交时，看到他们身边有这样一位静静的旁观者，他们也许会后悔于那丑态百出的激烈交锋的。

【片言絮语】

沉默并不是对搬弄是非者的纵容，它在一定程度上可以制止是非的蔓延。让那些爱嚼舌头的人从你身边索然无味地走开，你的沉默会让他们觉得无趣，是非也就失去了传播的源头。适当沉默是你处理人际关系的无声武器，能够体现出你的做人品质和做事能力。

2.自作聪明者其实不聪明

生活中，我们要看清楚自己的优点和短处，不能因自己做出一点小的成绩或者是一时的疏忽而犯点小错误就骄傲或者沮丧。人应该摆正自己的位置和心态，要知道一些自作聪明的举动其实是最愚蠢的。

行走于人生的旅途中，我们每个人都有自己的技能和特长，在某方面的特殊才能使我们的行程具有了独特的风格和个性而精彩纷呈，这是可喜的，但不必恃才傲物，目空一切。藐视别人、自以为是的结果往往是搬起石头砸自己的脚。

有些人凭借才能获得了别人的承认，却不知道人们真正认同的是他们对才能运用的方式方法，而不是才能本身。因此，他们过于相信自己的才能而丢掉了原本运用的方式方法，所以走向了反面。

在 20 世纪 90 年代初，人们发现斯坦福大学使用纳税人的钱做一些与研究无关的事，诸如购买快艇和为校长唐纳德·肯尼迪的新偶举行招待会。事情败露后，肯尼迪并不愿为此道歉，反而狂傲地声称政府的基金是用来支付与研究有关的"间接开支"，诸如餐巾、桌布和他在家里举行的晚会。他傲气十足地说："哪怕是我家里的一朵鲜花，也与研究活动有关。"肯尼迪自鸣得意的辩解引起社会舆论的一片哗然，一位斯坦福大学的职员说："他似乎认为无论他做什么都是正当的——只要是他做的。"然而他这样的"不义而行"必将

会遭到应有的报应，肯尼迪于几个月之后就被迫辞职了。

　　既然能登上著名的斯坦福大学的校长宝座，唐纳德·肯尼迪的才能肯定不会平庸的。可他忘了，将他推上名校之长高位的，是他对这所大学所作的有益贡献，而不是一味的糟蹋和损害。但他的行为转向后，他造成的影响就变质了。人们或许仍然会羡慕他的才能，但还是会毫不犹豫地抛弃他。

　　"自作聪明的人总以为自己比别人知道得多，"洛克菲勒集团的副总裁布雷特恩·塞克顿说，"这离无知也就一步之遥了。"大量事实早已证明，自作聪明有时比愚蠢更愚蠢。愚蠢的人如果有自知之明，就会谨慎从事；自作聪明的人却会率性而为，弄不好还会坏事，犯下难以弥补的错误。

　　骄傲的人只看到自己的长处，却忽略了自己的致命弱点：只看到别人的短处，却看不到别人非己所能及的优点。因此，在竞争中，他知道应该避开什么，却不知道应该保护什么。一旦他遭遇的是位懂得扬长避短、以实击虚的对手，轻则受挫，重则一败涂地。

　　我们只能期望自己不做蠢事，却不能期望别人跟自己一样愚蠢，这是我们应有的理智。对于成功来说，才能只是一件工具。精良的工具让人羡慕，但只有用它干有益于人的事时，才会受人真心称道。

【片言絮语】

　　在人生的旅途中，高估自己或低估别人，都是人性中的一大弱点。正确衡量自己的能力，准确估计对手的力量，是非常重要的。藐视别人、自以为是的结果往往是搬起石头砸自己的脚。

3.鼓噪不如沉默，息谤得于无言

俗话说："人无千日好，花无百日红"。生活中谁都难免要遇上难堪的误解，遭到他人不公正的批评甚至辱骂，对此我们要做到心如止水，不要让对方一句不公正的批评或难听的辱骂，而使自己变得像对方一样失去理智。

英国伟大的戏剧家莎士比亚说："不要为了敌人而过度燃烧心中之火。不要烧焦自己的身体。"康德有句很有哲理的名言："生气是拿别人的错误惩罚自己。"科学家研究发现，长期积怨不但使自己面孔僵硬而多皱，还会引起过度紧张和心脏病。因此不管是从自身的健康着想，抑或是从道德修养出发，都要忍辱克己低调做人。

20 世纪三十至四十年代，一直敏于行讷于言的巴金先生，也曾受过无聊小报、社会小人的谣言攻击。巴金先生有一句斩钉截铁的话："我唯一的态度，就是不理!"因为受害者若起而反击，"小人"反倒高兴了，以为他们编造的谣言发生了作用。精通哲学、文学和历史学的胡适先生在《胡适来往书信选》致杨杏佛的信中写道："我受了十余年的骂，从来不怨恨骂我的人。有时他们骂的不中肯，我反替他们着急。有时他们骂的太过火，反损自己的人格，我更替他们不安。如果骂我而使骂者有益，便是我间接于他有恩了，我自然很情愿挨骂。"巴金、胡适面对他人的辱骂所表现出的低调、幽默、宽容，不失为排除心理困扰的妙药良方。

任何人都难免要遇上他人的误解、批评和辱骂。无论是卑鄙的、恶毒的、残酷的，你千万不要因对方一句不公正的批评或难听的辱骂而失去理智。获胜的唯一战术，就是保持沉默，不和别人发生正面冲突，就连多余的解释也没有必要。因为在这种情况下，相互争吵辱骂，既不会给任何一方带来快乐，也不会给任何一方带来胜利，只会带来更大的烦恼，更大的怨恨，更大的伤害。

退一步讲，在对骂中没有占上风的一方，当众出丑，带来的只是对自己鲁莽行为的悔恨。占了上风的一方，虽然把对方骂得体无完肤，又能怎么样？只能加深对立情绪，加深对方的怨恨，在旁观者的眼里也不过是一只好斗的公鸡罢了。

何玉生在公司曾受到一位同事的辱骂，为此心中非常恼怒。在下班的路上，依然装着满肚子的火气，琢磨着如何报复这位辱骂者。无意之间他走进路边的玩具店，看见几个小孩指着一个存钱用的瓷人评头论足。遗憾的是他们对瓷人的夸张造型并不理解，可是瓷人坐在货架上对那些无知的指责无动于衷，面不改色地乐呵着。何玉生望着这个瓷人，顿时觉得自己滑稽可笑，受点委屈连一个存钱用的瓷人都不如，还算什么男子汉大丈夫！这么一想，满肚子火气一下子烟消云散。还对这个过去不屑一瞥的瓷人产生了好感，便掏钱买了一个，毕竟瓷人还有存钱的功能。

老天津卫有句老话："生气不如攒钱。"的确，人生短暂，把宝贵的精力、宝贵的时间放在生闲气上是不值得的。对于外界的打击辱骂，也许我们还达不到所谓"爱敌人"的修养程度，但至少也应该爱惜自己，不要让他人来影响你的情绪和健康。

有人受了委屈，或受到他人的误解，总想当时解释清楚，通过解释去化解矛盾，洗刷自己的清白。其实这时最好不要去解释，最佳的办法还是保持低调和沉默。因为这时的解释是杯水车薪，是不起任何作用的。比如，有人说他丢了钱包，你能解释清楚不是你偷的？有人背后议论你是"白痴"是"骗子"，你听了能解释清楚你不

是"白痴"不是"骗子"？诸如此类的解释，越解释越对自己不利。

记住：鼓噪不如沉默，息谤得于无言。

【片言絮语】

对于这些圣贤的修养和常人的大度，我们应该抱以欣赏的态度，去敬仰这种宽容。一个人要有这样的气度，需是经过许多磨炼而成，鼓噪由他们鼓噪，低调的人总是会在乱中自取静、混沌中自清明。

4. 多给你的对手一些掌声

为自己叫好容易，为别人叫好困难，为对手叫好更困难。生活中有许多人只知为自己取得的进步和成功欢呼，对别人尤其是对对手取得的进步和成功无动于衷，他们很少真诚地为别人叫好，更不会为对手叫好。

在伊萨斯亚历山大和大流士展开激烈的大战，大流士不幸失败后逃走。一个仆人想办法逃到大流士那里，大流士问他自己的母亲、妻子和孩子们是否活着，仆人回答："他们都还活着，而且人们对他们的殷勤礼遇跟您在位时一模一样。"大流士听完之后又问他的妻子是否仍忠贞于他，仆人的回答仍是肯定的。

接着大流士又问亚历山大是否曾对她强施无礼，仆人先发誓，随后说："大王陛下，您的王后跟您离开时一样。亚历山大是最高

尚的、最能控制自己的人。"大流士听完仆人这句话，双手合十，虔诚地对着苍天祈祷说："啊！宙斯大王！您掌握着人世间帝王的兴衰大事。既然您把波斯和米地亚的主权交给了我，我祈求您，如果可能，就保佑这个主权天长地久。但是，如果我不能继续在亚洲称王了，我祈求您千万别把这个主权交给别人，只交给亚历山大，因为他的行为高尚无比，对敌人也不例外。"

是的，生活从来就不缺少精彩。这些精彩，有我们自己的，也有他人的；有朋友的，也有对手的。当我们看到自己和朋友取得成功时，我们总是兴奋不已，努力为自己和朋友鼓掌喝彩。但对于对手的成功我们该怎样去面对呢？是嫉妒还是欣赏？是大声叫好还是不屑一顾？做事低调的人，总是以博大的胸怀为对手叫好。

1991年11月3日夜，美国大选揭晓。当选总统克林顿对他的支持者们在竞选总部楼前的聚会上发表即席演说，先是言辞恳切地感谢昨天还在互相唇枪舌剑、猛烈攻击的主要政敌现任总统布什，感谢布什从一名战士到一位总统期间为美国做出的出色服务，并呼吁布什和另一位对手佩罗及其支持者与他团结合作，在他未来四年重造美国、全面振兴美国的大变革中继续忠诚地服务于祖国。

而就在这个时候，远在异地的布什则打电话祝贺克林顿成功地完成了一场"强有力的竞选"，他还调侃地告诫克林顿："白宫是个累人的地方。"并保证他本人和白宫各级人士将全力以赴地与克林顿的班子合作，顺利完成交接工作。竞选的成功与失败，对于布什和克林顿这两个对手来说，欢乐与悲哀都是不言而喻的。但在现实面前，两个对手保持了高度的理智，为双方的成绩表现了超然的风度。

放低自己的姿态学会为别人和对手鼓掌叫好，这是做人的一种修养也是做人的一种智慧，因为你在欣赏他们的同时，也在不断提

升和完善自我。当我们在对别人和对手赞赏的过程中，也是自己矫正自私与妒忌心理，从而培养大家风范的一个方法。

【片言絮语】

为别人和对手叫好并不代表你就是弱者，你就是失败者。为别人和对手叫好是一种美德，你付出了赞美，这非但不会损伤你的自尊，相反还会收获友谊与合作。

5.身外之物不必刻意追求

在对待个人功名利禄的问题上要"难得糊涂"，这不失为一剂良药。要做到不戚戚于贫贱，不汲汲于富贵，就要具有不贪之心；懂得播种一分，收获一分；不要强求，不要希图意外的惊喜。

在《佛说四十二章经》佛祖告诫世人说：财色之取，譬如小儿食刀刃之饴，甜不足一食之羹，然有截舌之患也。西方经典《一千零一夜》中有这样一个故事：阿里巴巴的哥哥高西木进了四十大盗的藏宝洞，万分欣喜，攫宝不已，为了满足自己的贪欲却忘了回家，致使强盗回来，把他砍死。其实，在古人的眼里，"富贵"两字，是人人都可以做到的。"不取于人谓之富，不屈于人谓之贵"，白衣草鞋，自有一股飘逸清雅的仙气；粗茶淡饭，自有一份闲适自在的意趣。

　　其实每个人的人生之路都是很宽阔的，不论是当官为民，有钱没钱，虽然各有各的活法儿，其实都一样可以活得丰富多彩。一切都随时空的转移、个人的条件为依据，功名利禄不必下力量去追求，官大五品，腹中空空，也是虚有官禄。"芝麻绿豆"一个，身怀绝技，照样誉满世界，悠哉快哉！但是，由于人性的弱点使然，没有追求就活得乏味没有奔头，还得要追求功名利禄，"七品"的还想闹个"六品"，有了"六品"想"五品"，有了"五品"，又眼馋"三品"，于是就得巴结，拼命地巴结。只在"品"级上巴结，人品就大大地降低了，这也活得太累。

　　假如持一种"难得糊涂"的"糊涂主义"，一切顺其自然，认真做事，低调做人，身外之物不必刻意追求。得则得，不能得不争；当得没得，不急不恼；不当得而得，也不要，这才叫聪明人，活得轻松，悟得透彻。如此人生才是超然世外的大人生。

　　其实人生的舞台就是一个庞大的竞技场，每个人不管多么奋进，技术运用得多么出色，结果总会有相对于胜利者的失败。享受欢呼的，只是那个在成千上万名竞技者中博得胜利的幸运儿。生活又何尝不是这样？相对于那些在某一领域因出类拔萃而获得万众瞩目的人物来说，绝大多数的人都是那些在平凡的工作中、平凡的家庭中默默尽力的人。而且，人生风云变幻，又有多少人没有品尝过喜忧哀愁的味道呢？

　　"付出才可能有收获，不付出绝对没有任何回报！"是的，生活就是这样的不可捉摸，有时候现实的即使付出了很多的努力也并没有获得什么。确实如此，有时生活存在明显不公平，不光你自己觉得不公，连周围的民意也认为不公。这时候，千万不可激动，更不能一时冲动，干出无法收拾的傻事来。比如评职称提薪水，凭你的贡献，你的民意测验，这次的美事就理所当然属于你，但因为只有一个名额，有关方面出于平衡关系或其他考虑，就把美事给了另一个人。在这种情况下，你千万要想开点看淡些，不能耿耿于怀，忿

忿不平，更不能失去理智失意又失态，即使从养生之道出发也不必肝火太盛。潇洒地想，一次加薪不就是千儿八百的事吗？不能为几个小钱闹不痛快，叫人看低了自己的人格，看小了自己的风度。自宽自己的心，低调地去转移自己的痛处，找回自己的心态乐园。

每个人生存立世的价值，只要它确实存在，就不会因为穿着华服或破衣而有所改变，关键在于有自持之态。陶渊明荷锄自种，稽叔夜树下锻炼，均为贫介之士，但他们的精神却万古流芳。君不闻自古以来就有"窃钩者诛，窃国者侯"的史笔？故古人曰："达亦不足贵，穷亦不足悲。"人不可以苟富贵，亦不可以徒贫贱！这对于我们如何看待生活，的确是足资凭藉的箴言。

从社会需要来说，每一种工作都是必需的。只要每个人做好自己的分内工作，维持物质的丰厚，构成社会的繁荣，他就应该自傲而自豪。若从生活的价值来说，能够体味人生的酸甜苦辣，做过自己所喜欢的事，没有浪费这百岁年华的宝贵生命，心灵从容富足，则再富再贫，皆足安心。即所谓"不戚戚于贫贱，不汲汲于富贵"。在这个问题上，孔子有一句著名的话，叫"不义而富且贵，于我如浮云"。

【片言絮语】

对身外之物应该以超然的心态去看淡它，落花流水顺其自然，不去苛求最是难能可贵。因此，人不能嗜欲太过，更不能以不正当的手段去谋求富贵权位，而要以正确的心态去面对每一道人生的岔路口。

6.以低姿态示人

真正有修为的人，决不会拔高自己看轻他人，总是以一种低姿态示人。把"忍狂妄，忍猖介，耐清寂，耐不遇"作为自己的行为准则，并且坚定不渝地执行。

低调是智慧做人的方式之一，与人相处以一种低姿态出现在对方面前，表现得谦虚、平和、朴实、憨厚，甚至愚笨、毕恭毕敬，使对方感到自己受人尊重，比别人聪明。在交际中他就会放松自己的警惕性。当事情明显有利于你的时候，对方也会不自觉地以一种高姿态来对待你，好像要让着你似的，也就不会与你计较一时的长短是非。但是如果不懂得低调的智慧，反而过于的猖狂跋扈，最终只能是自食其果。

三国人物中，当时能征善战有"小霸王"之称的孙策，原来是袁术的部将。其于建安五年，渡过长江经营江东地方，经过几年的苦战，终于占据了江东的大片土地。这时，孙策听说曹操与袁绍战于官渡，相持不下，便准备率军渡江北上，乘虚袭击曹操的根据地许昌。

孙策准备率兵攻击许昌的消息传到曹操前敌大营之后，引起了曹军诸将的惊恐，给久战官渡不下的曹操带来了一道难题。曹操也精于权谋，然而这一次却使他计无所出。他考虑到：如果现在舍去

袁绍，来日再兴师征讨，势必要耗费更大的精力，因此不能丢弃眼前这个歼灭袁绍的大好战机；但是，如果继续屯兵官渡，而孙策果真渡江北上，许昌守备空虚，很可能失守，一旦其攻陷许昌，则根本动摇，这是万万要防范的。

老谋深算的曹操也一时举棋不定，在大帐中踱步进退两难。然而这一切，都在郭嘉那犀利的视线之中。郭嘉，字奉孝，是东汉末年曹操身边的著名谋士。他素有济世安民之志，多谋善断。最初，他投奔割据北方的袁绍，但他很快看出袁绍徒有虚名，只是一个优柔寡断、不善于用人而难以成就大业的庸主。于是便毅然离开当时在军事上还占有很大优势的袁绍，转而投奔曹操。

汉献帝建安元年，郭嘉来到许昌，经荀彧引荐，见到了曹操。两人在一起纵论天下大事后，曹操慧眼识人，对郭嘉的才情志向极为欣赏，赞叹说："使我成就大业的人，必定是郭奉孝！"而郭嘉对这位乱世的雄杰也深表叹服，说："曹操是我郭嘉千里寻觅的人主！"曹操当即任命郭嘉为司空军祭酒。

从此以后，郭嘉尽心竭力地为曹操平定汉末群雄的大业出谋划策。郭嘉洞悉了曹操的心思，他站出来说道："最近孙策削平了江东五郡，占了不小的地方，也诛杀了不少江东豪杰；他之所以做到这一点，是因为他暂时笼络住几个为他拼死效力的人。但是孙策为人张狂，处事轻率，甚少戒心，这是他致命的弱点；因此，目前他虽然拥有数十万之众，由于这种性格的支配，他仍然像一个奔走在旷野之上的独行者。他在江东攻城略地，兼并群雄，肯定结下了不少仇家，假如身边骤然兴起刺客，他不过是一人之敌罢了。因此，孙策不足忧虑，我料定他必将死于匹夫之手！"

足智多谋的郭嘉从分析孙策的性格入手，他明确地指出了孙策在为人处世中有猖狂之象。猖狂之态不忍，别人就会看你不顺眼；言谈过于狂妄，别人就会记恨在心，而这一切，孙策都没有忍耐克制，所以郭嘉敢于断定孙策将有不测之祸而难以成就大业，

因此他坚决主张曹操继续屯兵官渡，削平袁绍，暂时不必考虑孙策的北犯。

郭嘉还分析袁绍有十条必败的弱点，断定曹军必胜。这些细微精到的分析，解除了曹操对孙策的忧虑，鼓舞了曹操平定袁绍的意志。尔后，曹操果然取得了官渡之战的大捷，巩固了他在北方的统治。而孙策的命运也正如郭嘉所料，他在引兵北上的前夕，被吴郡太守许贡的门客刺死。

以低调的心态不论是做人还是处世，都是非常现实的。你以低姿态出现只是一种表面现象，是为了让对方从心理上感到一种满足，使他愿意合作。实际上越是表面谦虚的人，越是非常聪明的人，越是工作认真的人。当你表现出大智若愚来，使对方陶醉在自我感觉良好的气氛时，你就已经获得了成功。

比如，在生活中有些人不能容忍别人的观点，尤其自己干得不错时，更认为别人的观点不如自己的高明。有时还把自己的观点强加给别人，这样很不好。实际上，你听不进别人的意见，别人也一样，都认为自己的观点对。你批评他，他会极力维护自己的观念，而驳斥你的观点。这样争来争去，争得面红耳赤，只会大伤和气。

所以要认真听取并分析别人的观点，为什么他要有那种观点，是不是也有一定道理？批评别人的观点，无异于否认他这个人。因此，最好是容忍别人的观点，即便不赞成，也要保持沉默。实践中确实证明行不通了，他会明白自己的不足之处，会不断修正和完善自己的观点。你谦虚时显得他高大；你朴实和气，他就愿意与你相处，认为你亲切，可靠；你恭敬顺从，他的指挥欲得到满足，认为与你配合默契，很合得来；你愚笨，他就愿意帮助你，这种心理状态对你非常有利。

相反，你若以高姿态出现，处处高于对方，咄咄逼人，对方只会产生一种逆反心理。因此，要想圆融做人，不妨常以低姿态出现

在别人面前。

【片言絮语】

　　低调做人最忌气太盛。心气太盛，什么事都要拔尖，容易吃大亏。而守仁不争讲求的是"谦德"。当个谦谦君子，就要把功名利禄看淡些，把自己的姿态放低些，低着头走路才能看清沟坎，才能走的稳走的远。

7.以淡雅的心态面对名利的诱惑

　　不少人对名利太过热衷，甚至不加区别不要尊严地去夺取，于社会公德而不顾，不惜让人唾弃地去践踏别人的利益。只有见利让利，处名让名，以一副淡雅、低调的心态面对名利的纷扰才是做人的最佳姿态。

　　面对名利就要做让利的君子，而非是得利的小人。名利的诱惑对于每个人来说都是很强烈的，这就要看一个人的定力和修为到了一个什么境界了。真正对名利拿得起放得下、知道急流勇退保命安生的，要数范蠡了。范蠡在帮助越王勾践消灭吴国之后，认为"大名之下，难以久居，且勾践为人可以共患难，难以同富贵"，就放弃了上将军的大名和"分国而有之"的大利，隐退于齐，改名换姓，耕于海畔，父子共力，后居然"致产十万"，受齐人之尊，拜为卿相。后以为"久受尊名，不祥"，就呈缴相印，尽归其财，在陶地继

续隐姓埋名，从事耕畜，经营商贸积资数万，安享天年。

另一个共扶越王勾践成就帝业的文种因为贪恋富贵功名而不听范蠡的劝告，结果死在勾践的手里。所以，争名夺利实际上吃亏受害的是自己，而淡泊名利的却往往能福利双全，走向更大的成功。

三国时期的大枭雄曹操就很注意接班人的选择。长子曹丕虽为太子，但幼子曹植更有才华，文采更是名满天下，曹操有易储的念头。曹丕得知消息，问他的贴身官员该怎么办。对方回答说："愿你有德性和度量，像个寒士一样做事。兢兢业业不要违背做儿子的礼教，也就这样了。"

有一次曹操率军出门征战，曹植朗诵自己的歌功颂德的文章讨父亲欢心，从而显示自己的才能，而曹丕只伏地而泣，跪地不起，一句话也说不出。问他为何，便哽咽说："父亲年事已高，还要挂帅亲征，作为儿子心里又担忧又难过。所以说不出话来。"一言既出，满朝默然，都为太子如此仁孝而感动。反过来大家倒觉得曹植只知为己扬名，未免华而不实，有悖人子之孝道，作为一国之君，恐怕难以胜任。毕竟写文章不能代替道德和治国才能，结果曹丕还是被定为太子。可是曹植不吸取教训，不收敛锋芒，不放低自己的姿态，仍然高调地结交名士，以名炫世，最终被曹丕置于死地。

因此，处世低调的人知道在名利二字面前揣摩思量，适可而止，有所节制，懂得适度的可贵，"过犹不及"在此仍然适用。太过于去追名逐利，不仅得不到任何的好处，最终落个竹篮打水一场空的下场。

如今有不少的机关单位作风懒散不思进取，一杯茶，一张报纸，一根香烟，伴以闲聊胡侃，就会生出种种是非来。过去与天斗与地斗，与阶级敌人斗，总算使那多余的精力发泄了点儿，而现在呢，只好与同事斗了。这斗的关键不外乎争名夺利。其实争来争去，只是一些吃着没味扔了可惜的鸡肋骨，早一天晚一天你不斗也会得到。争来争去真没意思，你得到一点微不足道的名或利的同时，又失去

了太多的东西，真是捡了芝麻丢了西瓜，本末倒置。

某单位晋级评职称，一个中级职称的指标让科长占去了五个，只分了一个给工作业绩最高的职工。职工有六个符合要求，其中有三个是同一年分进来的，同一年正式入编的，余下的三个则是晚一届。当然按照论资排辈的铁律，这一个指标要在前三位中选一个，三人之中有一个硕士毕业，有一个学术论文比较多，发表的杂志级别较高，第三个人则一切平平，除了年限到了之外，再无任何优势可言。

第三个人当然也想得到，争了一段时间，眼看毫无指望，便偃旗息鼓，不再争了。第一个人和第二个人相执不下，第一位不仅是学历较高，且与一位局长私交甚深，还人前人后拼命活动，最后当然得到了晋开指标。消息刚传出来，评上中级职称的该员工竟然当着众人的面大骂那个与她争职称的同事，大家自然议论纷纷，除了说她缺乏教养外，更看不起她那种拣便宜又撒无赖的面孔。结果，口碑陡然变得更坏。而另外两位职工和其他三位，第二年也顺顺当当全评上了。那位前一年没评上并获得广泛同情的员工吃了多少亏呢？一年的工资差额，不过是几百元左右，而那位最先评上职称的员工，因争名夺利而恶语相加所丧失的人格和名誉，岂止是区区几百元钱所能赎回来的？

【片言絮语】

大凡是磨炼心性、提高道德修养行事低调的人，必须有木石一样坚强的意志，假如羡慕外界的荣华富贵，那就会被物欲所困惑和包围。低调做人必须要拥有一种宛如行云流水般的淡泊胸怀，只要一有贪恋功名利禄的念头，就会陷入危机四伏的险地，终将导致身败名裂的悲惨下场。

8.该闭口时莫言语

俗话说得好：出头的椽子先烂、枪打出头鸟。过于锋芒毕露，过于喜欢表现，必将遭人妒嫉和痛恨，这是人性的一个大弱点。因此，在与人相处时还是应以低姿态出现最妥，该闭口时莫言语。

每个人都喜欢别人认为自己聪明，有才华能干，因此，很多人言谈举止之间，总是有意无意显示一下自己某方面的优势。如果是同事、朋友之间这样做，应无大碍，若是在领导面前蓄意显能，往往会给自己带来霉运。因为你太聪明了，什么事都瞒不过你的眼睛，他就会视你为眼中钉肉中刺，早晚要铲除掉才安心。

三国时期的杨修，在曹营内任主簿，思维敏捷，甚有才名。由于为人恃才自负，屡犯曹操之忌。曹操曾营造一所花园，竣工后，曹操观看，不置可否，只提笔在门上写了一个"活"字，手下人都不解其意，杨修说："'门'内添'活'字，乃'阔'字也。丞相嫌园门阔耳。"于是再筑围墙，改造完毕又请曹操前往观看。曹操大喜，问是谁解此意，左右回答是杨修，曹操嘴上虽赞美几句，心里却很不舒服。又有一天，塞北送来一盒酥，曹操在盒子上写了"一盒酥"三字。正巧杨修进来，看了盒子上的字，竟不待曹操说话自取来汤匙与众人分而食之。曹操问是何故，杨修说："盒上明书'一人一口酥'，岂敢违丞相之命乎？"曹操听了，虽然面带笑容，可

心里十分厌恶。

曹操性格多疑，深怕有人暗中谋害自己，谎称自己在梦中好杀人，告诫侍从在他睡着时切勿靠近他，并因此而故意杀死了一个替他拾被子的侍从。可是当埋葬这个侍者时，杨修喟然叹道："丞相非在梦中，君乃在梦中耳!"曹操听了之后，心里愈加厌恶杨修，便想找机会除之。

曹操率大军迎战刘备打汉中时，在汉水一带对峙很久，曹操由于长时屯兵，到了进退两难的处境。此时恰逢厨子端来一碗鸡汤，曹操见碗中有根鸡肋，感慨万千。这时夏侯淳入帐内禀请夜间号令，曹操随口说到："鸡肋! 鸡肋!"于是人们便把这句话当做号令传了出去。行军主簿杨修即叫随军收拾行装，准备归程。夏侯淳见了便惊恐万分，把杨修叫到帐内询问详情。杨修解释道："鸡肋鸡肋，弃之可惜，食之无味。今进不能胜，退恐人笑，在此何益? 来日魏王必班师矣。"夏侯淳听了非常佩服他说的话，营中各位将士便都打点起行装。曹操得知这种情况，以杨修造谣惑众，扰乱军心罪，把他杀了。

俗话说得好："聪明反被聪明误。"应该肯定，杨修是一个绝顶聪明的人，问题在于他被聪明所误。处处都要露一手，所谓"恃才放旷"，不顾及别人受不受得了，不考虑别人讨厌不讨厌他，而这个别人，却是曹操这个恃才傲物的顶头上司。于是，针尖儿对麦芒，杨修终于送掉了自己的小命。

这里，杨修智慧超人，却因过于自负，不给曹操留一点面子，而丧了性命，这是每一个想以"聪明"博得上司欢心的下属应该吸取的一条教训，曹操的"鸡肋"、"一盒酥"及门中的"活"字等，都是一种普通的智力测验，是一种文字游戏。他的出发点并不是真为了给大家出题测试，而是为了卖弄自己的超人才智，因此，他主观上猜着了，也只能含而不露，甚至还要以某种意义上的"愚笨"去衬托上司的"才智"。但是，杨修却毫不隐讳地屡屡点破了曹操的

迷局。杨修锋芒外露，好逞才能，因此而赔上了自己的性命，未免太可惜了。

杨修聪明反被聪明误的故事告诉我们：欲利用上司的下属，必须要具备良好的素养，处处想到表现自己，放任自己，无视上司的自尊心和心理承受能力，锋芒毕露，咄咄逼人，必然会招来上司的忌恨，引火烧身。

【片言絮语】

过于"露巧现慧"是做人之大忌，郑板桥的"难得糊涂"乃为人处世的至理明言。因此，在与人相处时要学会降虎之术，那就是让自己显得笨一点、愚一点，让对方显得英明一些，高大一些。

9.省身克己不求虚名

俗话说："退一步阳光大道，进一步死路一条。"追求虚名是人的一大弱点，是害别人也是害自己的祸患。应谈笑看虚名，追求事业，不为名利牵累。为人做事不仅要有豁达、开放的胸襟，而且要有完美健全的心灵和感情以及完善的人格。

在很多人的眼中，功名利禄成了人生的目标，似乎功名愈厚人生也愈美妙滋润。其实功名利禄是一副用花环编织的罗网，只要你

进去了，你就无法自在与逍遥。没有功名利禄，于是想得到功名利禄，待得到以后又害怕会一时化为泡影。

因此，宝贵的人生就在这患得患失中度过，哪里还有时间去品尝得到人生的甘美清纯滋味呢？世人只知道功名利禄会给人带来幸福，殊不知功名利禄也会给人带来痛苦。为了功名利禄，我们劳心、劳神、劳力。为了功名利禄，我们计划、忙碌、奔波。为了功名利禄，我们怀疑、欺诈、争斗。为了功名利禄，我们玩阴谋、耍诡计、溜须拍马。为了功名利禄，我们如履薄冰、患得患失。

在众人的眼里，王湛为人低调得像个大傻瓜，他平时不言不语，从不表现自己，别人有对不起他的地方，他也从不去计较，因此，很多人都轻视他，连他的侄儿王济也瞧不起他。比如在吃饭的时候，桌子上明明有许多好菜，王济也不让这位叔叔吃。王湛吃不到好鱼好肉，就只吃点蔬菜，可王济又当着他的面把蔬菜也吃了，宽厚的王湛并不因此而恼怒。

王济一次到叔叔的家里去玩儿，见到王湛的床头有一本《周易》，这是一本很古老又难读懂的书。在王济看来，这位有点"傻"的叔叔怎么可能读懂这样一部书呢？于是就问："叔叔把这本书放在床头干什么呢？"王湛回答说："身体不好的时候，坐在床头随便看看。"王济以为叔叔读《周易》不过是做做样子而已，便有意请王湛说说书中的一些意思。王湛分析其中深奥的道理，深入浅出，非常中肯，讲得精练而有趣味，这是王济从来没有听到过的。于是，他留在叔叔的住处，接连好几天都不愿回去。经过接触和了解，他深深感到，自己的知识和学问比起叔叔简直差了一大截。他惭愧地叹息："我家里有这样一位博学的人，可我三十年还不知道，这是我的大过错啊！"几天后，他要回家了，王湛又很客气地把他送到大门口。

王济养了一匹性子很烈的马，特别难驾驭，就问王湛："叔叔爱好骑马吗？"王湛说："有点爱好。"王济就让王湛试试，王湛不

推辞，骑上这匹烈马，姿态容貌悠闲轻巧，速度快慢自如，连最善骑马的人也无法超过他。王湛说："你这匹马虽然跑得快，但受不得累，干不得重活。最近我看到督邮有一匹马，是一匹能吃苦的好马，只是现在还小。"王济就将那匹马买来，精心地喂养，等与自己骑的马一样大了，就进行比试。王湛又说："这匹马只有背着重量才能知道它的能力，在平地上走显不出优势来。"于是，王济就让两匹马在有土堆的场地上比赛。跑着跑着，王济的马果然摔倒了，而督邮的马还像平常一样，稳稳当当。通过这样一些事情，王济从内心深处佩服叔叔王湛的学识和修养，回家以后，就对父亲说："我有这样一位好叔叔，比我强多了，可我以前一点也不知道，还经常轻视他，太不应该了！"

晋武帝平时也认为王湛是个呆子。有一天，他见到王济，就又像往常一样开他的玩笑，说："你屋里傻叔叔死了没有？"要是在过去，王济会无话可答，可这一次，王济大声回答说："我叔叔根本不傻！"接着，他就把王湛的才能学识一五一十地讲出来，晋武帝信了。后来王湛当上了汝南内史。

行走于世间，如果我们每一个人平时只管发展和提高自己，而不去追求表现和虚荣，则是一种深层次的人生智慧，因为是金子总是要发光的。只要像王湛善于忍耐，不追求虚名，就能够获得他人真正的敬佩和赏识。

三国时期的诸葛亮也是一个省身克己看淡虚名的人。当刘备将死时，此时三分天下之势已确立，他看到诸葛亮确实是人杰，就劝他如果儿子阿斗可以辅助就加以辅助，如果实在上不了台面就自己做君称王罢了。而诸葛亮未必不是做君主的料，他甘做人臣，这似乎没有得到人主之高位与尊荣，但千载之后，他的英名却比任何一位皇帝都高。一句"鞠躬尽瘁，死而后已"，把他与历史与汉文字永久性地联在一起。如果他废阿斗自立，那他前半生的一切英名，都将被篡权者的恶名所掩盖。这正是最大的得到。

【片言絮语】

　　在名利立场上，得失的对立似乎特别明显。然而究其实，两者总是相互转化的，得到反而意味着失去，失去反而意味着得到，甚至得失的不仅是名利，还有很多更重要更深层次的东西。如果在形式上放弃它，反而能够永久地保存。

10.始终要保持一颗感恩的心

　　我们每一个人，都要接受父母的养育、恩师的教导以及社会提供我们的舞台与机会，对于种种的恩赐我们该如何面对呢？首先要懂得感恩。有了感恩心，才会以谦卑的态度去发愤图强，追求成功。

　　有一则流传很广的关于感恩的寓言故事：

　　一只小松鼠在河边饮水，不小心滑到河里去了，于是在河里挣扎、大声呼救。这时正好有只猴子到河边喝水，看见松鼠在挣扎求生，就捡起一根树枝，丢给松鼠，松鼠就这样得救了。猴子早就忘了这件事，但松鼠心存感激，一直想要报答猴子，于是就在猴子的家附近做窝。

　　后来有一天，猴子站在树枝上休息，被一个猎人发现了，猎人用猎枪瞄准猴子。看见这种情形，松鼠飞快地扑到猎人身上，在他

的身上狠狠咬了一口，猎人疼得惨叫一声，子弹打到天上去了。

猴子看到松鼠不顾自己的安危，适时搭救，非常感激，就对松鼠道谢。松鼠说："要不是您在河边救了我，我早就被河水淹死了，我这辈子不知道怎么谢您呢！"又有一天，猴子在菜园里觅食，不小心被主人做的陷阱扣住了，它大声呼救。松鼠听见了，就把所有的同伴都叫来，大家齐心合力把扣子咬断，猴子就得救了。

猴子再度向松鼠道谢，说："您救了我的命，我这辈子不知道怎么谢您呢？"猴子到处宣扬松鼠的好心，它说："松鼠的身体虽小，它的感恩心却是身体的千百万倍！"

在一个"与成功者对话"的论坛上，一位听众请教台上的企业家："您觉得一个人成功的秘诀在什么地方？"企业家没有讲一番大道理，而是告诉在座的各位："保持一颗感恩的心。只要你对人对事对物保持一颗感恩的心，你一定会成功。"这段话赢得了阵阵掌声。我们知道很多经典的书籍，它们都告诉你要有一颗感恩的心，可是很少有人一语道破，成功的秘诀就是要有一颗感恩的心。

我们都要有一颗感恩的心，感谢别人的帮助。滴水之恩当涌泉相报。成功人士提醒我们，不知感恩可能使我们无法享受既有的事物。不知感恩，使我们无法得到更多我们想要的东西。老天爷的反应也无二致，不知感恩妨碍我们成功——越不知感恩，妨碍越大。吱吱叫的轮子可能最先得到润滑，也会最先被换掉。

【片言絮语】

其实，生命的整体是相互依存的，就如"人"字结构一样，相互依靠才能"站立"。一个人真正明白了这个道理，就会感激大自然的福佑，感激父母的养育，感激社会的安定，感激食之香甜，感激衣之温暖，感激花草鱼虫，感激苦难逆境。

11.藏锋守拙是一种大智慧

在日常生活中过于聪明的人，常是别人猜忌妒嫉的对象。因为任何有所图谋的人，都不希望从事情刚开始筹划时便被识破。真正智慧的人，为了保全自己的一切，必会千方百计地掩饰自己的高明之处。

据古人传说，在舜未登上天子位的时候，他的异母弟弟象，为图占家业，几次要谋害他。昏暗的父亲和后母也总是偏心、纵容象。有一次，父亲和后母找舜，说谷仓顶坏了，要他爬上去修理。当舜一上到仓顶，父、母、弟弟就抽了梯子，放起一把火想要烧死他。幸亏他撑起大斗笠，乘着一阵大风往下一跳才得脱险，从而保全了自己的性命。

"命运多舛"的舜，又一次父亲和后母要他去淘井。那井很深，刚把舜吊到井底，上面的人就收了绳子，推下几大堆泥土去，以为这一回舜死定了。象很高兴。没想到，当他来到舜的卧室时，却看见舜正坐在床上弹琴。这是怎么回事？原来那井底还另有一个出口，舜是从那里脱生的。这一下，象惊呆了，他悔恨、羞惭不已，上前向哥哥道歉。舜呢，显得若无其事的样子，他微微一笑，说："我并不计较。"

有一次，万章与孟子谈论到这个故事中的舜。万章认为，舜或者是糊涂，或者是伪善，二者必居其一。孟子则不同意这种看法。

万章说："怎么不对？两件事里，都表现出舜并不知象要害他，这岂不是糊涂？"孟子说："怎么不知道！只不过舜对弟弟仁慈罢了。"万章说："依您之见，舜是心里忧心忡忡，表现得却像没那么回事，这岂不是强颜为欢，是十足的伪善吗？"孟子直摇头："不，这怎么叫伪善？既然象已承认自己错了，有悔改之意，舜又怎能不高兴？这不叫伪善，叫宽宏大度啊。"

战国时，齐国的隰斯弥去见田成子，田成子和他一起登上高台向四面眺望。三面的视野都很畅通，只有南面被隰斯弥家的树遮蔽了。田成子当时也没说什么，隰斯弥回到家里，叫人把树砍倒，没砍几下，隰斯弥又不叫砍了。他的家人问："您怎么这么快就改变主意了呢？"隰斯弥答道："谚语说，知道深水中的鱼是不吉祥的。现在田成子将要干一件大事，事情非同小可，而我却表现出我能够在精微处察觉事情的真相，那我必然会有危险了。不砍倒树，未必有罪，而知道了别人的隐秘，那罪过和危险就不得了了。所以我才决定不把树砍倒。"

明代宗景泰年间，广东副使韩雍遍访四方，宣扬王命。到江西时，一天忽然听说宁王的弟弟来了，韩雍一面谎称有病，请王爷稍等片刻，一面派人马上去叫三司（明代将各省之都指挥使司、布政使司、按察使司合称"三司"），并索要白木几，然后韩雍才出来跪地拜迎王爷。王爷一进门，就全讲的是他哥哥要宁王反叛朝廷的情况。韩雍推说自己耳朵有毛病，听不清楚，请王爷把要讲的都写下来。王爷要纸，韩雍就让手下人将白木几抬进来。王爷将情况详细地写在白木几上，就告辞了。

韩雍将情况报告了朝廷，皇上派钦差大臣来稽查，却没有找到宁王谋反的任何证据。这时王爷兄弟已经握手言欢，王爷拒不承认说过他哥哥要反叛的话。钦差大臣回京后，朝廷即以离间亲王罪判处韩雍，要将他披枷戴锁送监。韩雍出示王爷亲笔书写在白木几上的状子，才获得释放。

以上几个例子，我们从表面上看，似乎舜、隰斯弥和韩雍很傻，糊里糊涂。而实际上这是一种精明人的糊涂啊！中国人素来是很精明的，越是精明的人越知道聪明人处世难，容易招致妒嫉、非议，甚至为聪明而丧生。曹操因为妒嫉杨修的才能而杀了他；隋炀帝因为妒嫉薛道衡的诗才，也把他杀了，还吟着薛道衡的诗句"庭草无人随意绿"，洋洋自得地说："你还能写出这样的好诗吗？"所以，从老子开始，中国人就深悟了"大智若愚"的道理，越是聪明，表现得越是愚笨，以便在别人的轻视和疏忽中找到自我发展的空间。

【片言絮语】

古话说："木秀于林，风必摧之；堆出于岸，流必湍之；行高于人，众必非之。"所以一些真正有智慧的人，一般都采取"守拙"的方法，以保护自己，那种把聪明全露在外面的举动实际上是愚蠢的行为。

12.低调做人者皆能屈能伸

　　古人曰："直木先伐，甘井先竭。"造房所用的木料，多选择挺直的树木来砍伐，水井也是涌出甘甜井水者先干涸。从而推及到才华横溢、锋芒太露的人，固然能得到重用提拔，可是也容易遭人妒嫉陷害。所以智慧的人一向低调行事，能屈能伸从不轻易炫耀自己的才能。

　　战国时期，赵王从渑池归来，因蔺相如立了大功，拜他为上卿，位置排在廉颇之上。廉颇自恃战功卓著，而蔺相如只有口舌之劳，官位反而在他之上。廉颇心中不服，就对人说："我遇到蔺相如，一定要侮辱他一番。"相如听说后，不愿与廉颇碰面。每当要参拜早朝时，经常说自己有病而不去，以免与廉颇发生争执。过了一些时候，相如出门，远远望见廉颇来了，马上赶车躲避开，于是他手下的官员门客都来说他，认为他太软弱可欺，使他们也蒙羞受辱，想辞职离去。

　　蔺相如一再劝阻他们，并问："你们看廉颇比得上秦王吗？"他们说："不如秦王。"蔺相如又说："秦王那样威风，我敢在朝廷中指责他，羞辱他的群臣。我虽然很愚笨，难道偏偏害怕廉将军吗？我考虑的是，强大的秦国之所以不敢侵犯赵国，只因为有我和廉颇在。如果我们两虎相斗，必有一死。我所以这样做，是以国家安危为重，将个人私仇放在一边。"不久廉颇听到了这些话，感到十分惭

愧，于是解衣露体，背负荆条，由宾客引至蔺相如家里请罪。从此后，二人结为刎颈之交，誓同生死。

历史总有些让人不可预料的巧合。无独有偶，在东汉时代，也发生过与蔺相如和廉颇同样的故事。话说贾复和寇恂都是光武帝刘秀复兴汉室的两个功臣。有一次左将军贾复的部将在颖川杀了人，而寇恂此时正做颖川太守，他是一个谦逊礼让之人，但原则性很强，执法严明，不徇私情，就将其部将逮捕并处以死刑。对此事贾复感觉有辱自己的尊严，带兵经过颖川时，对手下的人说："见到寇恂一定要将他杀死。"寇恂知道他的预谋，就避开不与他相见。寇恂姐姐的儿子谷崇请求带宝剑在他身旁侍候，以防不测，寇恂说："不需要那样，以前蔺相如不怕秦王，而让着廉颇，是为国家着想。"于是就命令所属各县都盛情接待，为贾复的部队每人准备两人的酒饭，准备让众将士痛饮一番。

等到贾复带部队到来的时候，寇恂出门到路口相迎，然后说自己身体有恙就先行告退。贾复集中队伍想追赶他。无奈手下将士都喝醉了，动弹不得。此事传到光武帝的耳朵里，光武帝召见寇恂和贾复，经过调解，贾复知道寇恂如此大度和容忍而深感惭愧，后来他们又重新结为朋友。

不管是蔺相如的顾全大局的高尚思想，抑或是寇恂的宽大胸怀的包容之心，从某一方面讲他们都深谙屈伸之道，这都为我们做人树立了很好的榜样。

汉朝末年，群臣叛乱，诸侯割据，汉室已名存实亡。一次，汉献帝被叛军软禁在长安。后来，在一帮大臣的帮助策划之下，汉献帝找准一个机会逃了出来。可是叛军不久就发现了，并且马上派兵紧追不舍。眼看叛军即将追上来了，怎么办呢？汉献帝急得像热锅上的蚂蚁。这时，随身老臣董承建议献帝及其随从将随身所带之金银财宝全撒到路上。献帝依照董承的建议行事，让车上所有的人将自己随身携带的珠宝等物统统扔到路上，最后连皇

后的首饰等都扔掉了。

追赶献帝的士兵看到一路上金银财宝纷纷跳下马来，发疯般地一哄而上，抢夺财宝。而将追赶献帝的事扔在了一边，随行军官们的大声斥责也丝毫没能吓住他们。就这样，汉献帝保住了性命，安全地逃到了洛阳。汉献帝在危难时刻不顾帝王的尊严，舍财保身看似平庸而又憋屈，实则是一个人成功的基础。

常州尤翁开了三个典当铺。年底的某一天，忽听门外一片喧闹声，出门一看，是位邻居。站柜台的伙计上前对尤翁说："他将衣服压了钱，今天空手来取，不给他就破口大骂，有这样不讲理的吗？"那人仍气势汹汹，不肯相认，尤翁从容地对他说："我明白你的意图，不过是为了度年关。这种小事，值得一争吗？"于是命店员找出典物，共有衣物蚊帐四五件。尤翁指着棉袄说："这件衣服抗寒不能少。"又指着道袍说："这件给你拜年用，其他东西现在不急用，可以留在这儿。"那人拿到两件衣服，无话可说，立刻离去。当天夜里，他竟死在别人家里。原来此人因负债多，准备服毒，知道尤家富贵，想敲笔钱，结果一无所获，就转移到另外一家。有人问尤翁，为什么能预先知情而容忍他，尤翁回答："凡无理来挑衅的人，一定有依仗。如果在小事上不忍耐，那么灾祸就会立刻到来了。"人们听了这话很佩服他的见识。

【片言絮语】

人世繁杂，遇事一定要以大局为重，不结私怨不招灾祸。以低调的姿势入世，于人于己都要留条退路，不过分炫耀自己，这种人才不会犯大错。这在现代高度竞争的社会中，看似平庸委屈，却是一种极佳的处世方式和智慧。

13.已所不欲，勿施于人

低调处世就要遵循"己所不欲，勿施于人"这个准则。真正的强者在生活中，都是最善顺人情随人意的人。他们善于调整与运用自己的感受去观察、体贴别人，从而修正生活中的种种关系。

一次孔子的学生子贡问老师："有没有一个字可以作为一生奉行不渝的法则呢?"孔子回答："其恕乎！己所不欲，勿施于人。"这里的"恕"是凡事替别人着想的意思。其意是，自己不喜欢做的事，不要加在别人身上。这句话可视作待人接物的基本修养，如能做到这点，就可以建立良好的人际关系。

比如在日常的生活中，有人认为心直口快是诚实直爽的表现，有时候这种想法未必就是好，心直口快者倘若被人兜头一顿数落，亦会脸红心跳，如果竟数落错了，更会气愤难平，那么他就不该以自己的性格或脾气为借口，让这尴尬频繁地落到他周围的人头上。当谈自己的建议时，完全可以采取不同的方式，并不是不要、不准你谈，喜欢做一个透明度高的人固然是好，不过，要是能够做得别人欣赏你，岂不是两全其美?

有人将成熟的人比做河流里的鹅卵石，它是由生活的潮水长年累月地冲刷，把种种的棱角都磨得光滑了而生成的。这样的石头，总是容易找到一个比较稳妥的位置。不过，成熟的人似乎更像一颗

雨花石，美丑暂不先论，都有自己的特色。不过，若把雨花石干放在那里，那它们就只是暗淡无光，甚至是麻麻点点的一大堆普通石子。只有把它放在盛满清水的白磁盘里，它才会陡然晶莹，漾出奇妙的图案、斑斓的色彩、精美的花纹。那么清水和磁盘，就是一种人生的不可缺少的做人之本，那就是人生修养。

古代有这样一个著名的故事：战国时梁国与楚国交界，两国在边境上各设界亭，亭卒们也都在各自的地界里种了西瓜。梁亭的亭卒勤劳，瓜秧长势极好，而楚卒懒惰，所种瓜秧与对面瓜田的长势简直有天壤之别。楚亭的人为此觉得脸上没有光彩，于是有一天乘夜无月色，偷跑过去把梁亭的瓜秧全给扯断了。梁亭的人第二天发现后异常气愤，心里咽不下这口气，于是报告给边县的县令宋就，说我们也过去把他们的瓜秧扯断好了。宋就说："我们不愿他们扯断我们的瓜秧，那为什么再反过去扯断人家的瓜秧？别人不对，我们再跟着学，那就太狭隘了。你们听我的话，从今天起，每天晚上去给他们的瓜秧浇水，让他们的瓜秧长得好，而且，你们这样做，一定不可以让他们知道。"梁亭的人听了宋就的话后觉得言之有理，于是就照宋就所说的办了。

就这样平静地过些日子后，楚亭的人发现自己的瓜秧长势一天好似一天，仔细观察，发现每天早上地都被人浇过，而且是梁亭的人在黑夜里悄悄为他们浇的。楚国边县的县令听到亭卒们的报告后，感到十分的惭愧又十分的敬佩，于是把这件事报告了楚王。楚王听说后，也感于梁国人修睦边邻的诚心，特备重礼送梁王，既以示自责，亦以示酬谢，结果这一对敌国因为"西瓜事件"一笑泯恩仇，从此成了友好的邻邦。

我们从这个故事不难看出，"恕"的核心是用以己度人、推己及人的方式处理问题。这样可以造成一种重大局、尚信义、不计前嫌、不报私仇的氛围，以及双方宽广而又仁爱的胸怀。从而推及到日常生活的与人相处中，又何尝不是如此呢？尤其是对初涉世事的

人来说，由于一切茫然无知，总是时时处处小心翼翼，左顾右盼地想找出人或事的参照物来规范自己，约束自己。这种反应当然是正常的，但殊不知有时以此处世，反而会导致初衷与结果的南辕北辙，令结果事与愿违。因为在各人的眼中，自己的位置是各不相同的，并没有统一的标准可以提供给你。

所以，不妨就按照"己所不欲，勿施于人"的原则，反求诸己，推己及人，则往往会有皆大欢喜的结果。反求诸己，由情入理，自然会生羞恶之心而知义，辞让之心而知礼，是非之心而知耻。自私自利之人，往往不懂推己及人的道理，往往毫无顾忌地损害他人的利益，把苦恼转嫁到别人身上。以这种方式处世，走到哪里，被人骂到哪里，真正是既损人又损己。

【片言絮语】

与人方便即是与己方便，宽仁待人就是宽仁待己。《菜根谭》中有一句话："处世让一步为高，退步即进步的主张；待人宽一分是福，利人实利己的根基。"理解别人，体谅别人，多为别人着想，是至上的美德，是高尚的待人之道。

14.要想"高人一筹"，先学"低人一等"

人生是坎坷的，生活中总会遇见一些不顺利的事情而与人产生矛盾，一个巴掌拍不响，双方可能都有责任，但作为当事人应该主动地"低人一等"，多从自己方面找原因。和和气气不仅可以保护自己的心情，还可以赢得友谊与尊重。

俗话说：人生不如意之事十之八九。当我们面对的只是一些琐碎小事的时候，对此我们就要采取糊涂忍让的方式来处理。这里所说的忍让，实际上也就是让时间、让事实来证明自己。这样做的好处是可以摆脱相互之间无谓的纠缠和不必要的争吵。

宋代吕端和寇准同拜参知大事，他主动"低人一等"地要求把自己的名字排在寇准之下。他既不会钻营，又不会搞背后一手，也不会开后门，整天总是乐天派的个性，因此，许多人暗暗地议论说"吕端糊涂"而且还很窝囊。宋太宗想拜吕端为相，消息一传出去，众人哗然，不少朝官对太宗说："吕端这样的糊涂虫怎么能担当宰相这样的重任呢？"太宗说："吕端小事糊涂，大事不糊涂。"决心拜他为相。

就在拜相不久，西北边境发事，原来是叛将李继迁在骚扰边境，朝廷的官兵抓到了李继迁的母亲。太宗与寇准商定，准备将她在北门外斩首示众，以警告叛逆。吕端听说后马上找太宗说："斩了他母亲，叛军李继迁就能捉到吗？如果捉不到，这样做更坚定了他的叛心。不如先把她奉养起来，我们就掌握了主动。"太宗听后拍一下脑门说："此言极是，我险些误了大事。"后来的情况果如吕端预料

的那样，李继迁再也不敢放肆了。

吕端虽然主动低寇准一等，但是遇事却是高人一筹。大事上一旦糊涂就会带来不可弥补的损失，就像我们每一个人的成长进步，其实关键的时刻常常只有几步，尤其是在年轻的时候，如果有一步路走错了，对整个人的一生就会产生很大的消极影响。表面上聪明的人说了就做，办事干脆利落，迅速果断，绝不拖泥带水，其缺点是较少进行深入细致周密的思考，凭直觉、经验和性情办事的成分稍重，因本人有力量，也聪明，算得上是有勇有谋，但总的来说勇多于谋。这样办事，难免有顾及不到之处，也可能忽略了某些轻微细节而埋下隐患。

低调做人很大的一个特点就是锋芒不露且长于思考，出谋划策兼顾方方面面，给人以行事细密周全的感觉，做事不像聪明外向的人那样轰轰烈烈，但能按部就班地把事情推到胜利的台面上，其缺点是机敏果断不足，缺乏雷厉风行的作风，身手不够敏捷。用人者不能因为不喜欢这种人的谨慎，而随便否定他们的才能。这种现象在实际生活中带有一定的普遍性，领导者不可掉以轻心而失掉聪明俊秀的人才。

历史上有个非常著名的"六尺巷"的故事。就发生在离我们不远的清代中期。据说当朝宰相张英与一位姓叶的侍郎都是安徽桐城人，两家毗邻而居，都要起房造屋，为争地皮，发生了争执。张老夫人便修书到京城，要张英出面干预。这位宰相到底见识不凡，看罢来信，立即作诗劝导老夫人："千里家书只为墙，再让三尺又何妨？万里长城今犹在，不见当年秦始皇。"老夫人见书明理，立即把墙主动退后三尺。

叶家见贵为当朝宰相的张英主动"低人一等"的举措，深感惭愧，也马上把墙让后三尺。这样，张叶两家的院墙之间，就形成了六尺宽的巷道，成了有名的"六尺巷"。为人处世的许多事情就是这样：争一争，行不通；让一让，六尺巷。古代开明之士尚能如此，我们对待今天与人交往时发生的一些小事小非，更应该宽容大度一

些，不可斤斤计较、睚眦必报。

主动低人一等并不是懦弱可欺，相反，它更需要的是自信和坚韧的品格。古人讲"忍"字，至少有如下两层意思：其一是坚韧和顽强。晋朝朱伺说："两敌相对，惟当忍之；彼不能忍，我能忍，是以胜耳。"这里的忍，正是顽强的精神体现；其二是抑制。《荀子·儒效》："志忍私，然后能公；行忍惰性，然后能修。"被誉为"亘古男儿"的宋代爱国诗人陆游，胸怀"上马击狂胡，下马草战书"的报国壮志，也写下过"忍志常须"作座右铭。这种忍耐，不正凝聚着他们顽强、坚韧的可贵品格吗？又有谁说他们是懦弱可欺呢？主动去低人一等是一种眼光和度量，是深刻而有力量的，是雄才大略的表现。

著名德国文学家歌德有一天到公园散步，迎面走来了一个曾经对他作品提过尖锐批评的批评家。这位批评家站在歌德面前高声喊道："我从来不给傻子让路！"歌德却答道："而我正相反！"一边说，一边满面笑容地让在一旁。歌德的幽默避免了一场无谓的争吵，同时也可以消除自己的烦恼和怒气。从某种意义上说，它既为自己摆脱了尴尬难堪的局面，顺势下台，又显示出自己宽阔的心胸和气量。

要想"高人一筹"，先学"低人一等"。忍让是做人的一种崇高美德。亲人的错怪，朋友的误解，说传导致的轻信，流言制造的是非……此时生气无助于云消雾散，恼怒也不会春风化雨，而一时的忍让不仅能保持我们应有的修养，更重要的是能够赢得他人的尊重和广泛的人脉。

【片言絮语】

现代社会竞争激烈，大家总希望自己机智、刚强、富有竞争力，谁要是柔弱、退让、不争，那准被人看成是个十足的笨蛋和嘲笑的对象。其实，人类痛苦和纷争的病根就是在聪明过了头、过分要强中产生的。假如大家立身处世都朴实、厚拙、柔弱、不争，人生必定幸福和谐多了。

15.做人应当把"尾巴"夹起来

古语有云："桃李不言，下自成蹊。"做人只要实在、低调，不那么的趾高气扬就能够赢得更多的人缘和成功的机会。趾高气扬只能落下"摔跤"的份，弯腰走路才是最稳当的行走方式。

克制自己、"夹着尾巴"才是做人最基本的功夫。法国哲学家罗西法古说，如果你要得到仇人，就表现得比你的朋友优越；如果你要得到朋友，就要让你的朋友表现得比你优越。当我们让朋友表现得比自己还优越时，他们就会有一种得到肯定的感觉；但是当我们表现得比他们还优越时，他们就会产生一种自卑感，甚至对我们产生敌视情绪。因为谁都在自觉不自觉地强烈维护着自己的形象和尊严，如果有人对他过分地显示出高人一等的优越感，那么无形之中是对他自尊的一种挑战与轻视，同时排斥心理乃至敌视情绪也就会应运而生。

我们在日常生活中不难发现有这样的人，他们虽思路敏捷，口若悬河，但刚说几句就令人感到狂妄自傲目中无人，所以别人很难与他苟同。这种人多数都是因为太爱表现自己，总想让别人知道自己很有能力高人一头，处处想显示自己的优越感，以为这样才能获得他人的敬佩和认可，其实结果只会在人群中失掉威信。

邹伟在公司是一位很有人缘的骨干，可是在他刚到公司上班时，

在同事中几乎一个朋友都没有，这是因为他正春风得意，经常吹嘘有多少人找他帮忙，哪个几乎记不清名字的人昨天又硬是给他送了礼等等，同事们听了不仅不欣赏，而且还极不高兴。后来经当了多年领导的老父亲点拨，他才意识到自己的毛病。从此以后便很少谈自己而多听同事们说话，因为他们也有很多事情要吹嘘，远比听别人吹嘘更令他们兴奋。后来，每当他与同仁闲聊，总是先请对方滔滔不绝地表现自己，只有在对方停下来问他的时候，才很谦虚地说一下自己的情况。

"夹着尾巴"做人，就要学会克制自己的表现欲望。只有这样，我们才能够提高自己的能力，才会永远受到别人的欢迎，才能做好我们要做的事。

人必须克制自己，克制自己才能提高自己的能力，克制自己本身就是一种能力。做事中检点自己的言行对做事成功是绝对必要的，因为一些话语比打人更伤人心。虽然人们不用匕首，但人们经常听说语言像匕首。一则法国谚语如是说，语言的伤害比刺刀的伤害更可怕。那些刺人的反驳，那些溜到嘴边的刺人的反驳，如果说出来，可能会使对方太难堪。布雷姆夫人在其《家》一书中认为，老天爷禁止我们说那些使人伤心痛肺的话，有些话语甚至比锋利的刀剑更伤人心；有些话语则使人一辈子都感到伤心痛肺。

孔子认为，君子讷于言而敏于行。即君子做人，总是行动在人之前，语言在人之后。

做事中尽量不说话。不说话不仅确保安全，而且能给人留下个持重、非同凡俗的印象。当然，尽量不说话是指对那些可以说也可以不说，尤其是与自己没有关系的事情。否则，不说话也是不可取的。做事中尽量少说话。在不得不说的情况下，尽量少说，不夸夸其谈，不乱讲滥说，不信口雌黄，不妄发议论，这也是确保安全的一种方法。言多必失。多言多失，少言少失，不言不失。所以，在不得不说，非说不可的时候，还是要保持少说为佳的态度。

　　在人际交往中不传流言。世界上没有十全十美的人，随随便便说别人的短处，轻轻松松揭别人的隐私，不仅有碍别人的声望，且足以表明你为人的卑鄙。当你听到流言蜚语时，唯一的办法是听了就算，不做喇叭筒，不记挂于心，不向外传播。做事中不搞"假、大、空"，坚决不"放卫星"。说到做到，力戒空谈，是一个人进行道德品质修养的重要内容。一个人整天空话连篇，不干实事，那他将一事无成。爱因斯坦给成功确立的公式是：成功=行动+正确的方法+少讲空话。

　　做人还要有起码的诚实，经常说假话的人只能让人唾弃。马克·吐温认为，我们千万不能说假话，因为我们不知道何时需要假话。假话一旦被揭穿，便会失去人们的信任，落得说话无人听，办事无人理，成为令人厌恶的人。做事中学会说话。所谓会说话，就是在恰当的时间、恰当的地点说恰当的话，也就是把话说对时间、说对地点、说到点子上，又能把直话说圆，说得头头是道，妙语连珠，使人人爱听，个个喜欢。

　　要想自己在人际关系网中游刃有余，左右逢源地去赢得友谊，只能提高自己的个人修为，放低自己的姿态，以仰望的姿式看天空，你将会发现这个世界还有更美丽的云彩。

　　【片言絮语】

　　在人生的舞台上，那些谦虚豁达的人总能赢得更多的知己和成功的机会，那些妄自尊大、小看别人、高看自己的人总是令别人反感厌弃，最终在交往中使自己到处碰壁，使自己的成功之路处处受阻。

16.善用"拟态"和"保护色"

拟态和保护色是动物或昆虫的形状、颜色和周围的环境很相似，这种"障眼法"让天敌几乎分辨不出来。"拟态"和"保护色"在动物世界里是很重要的生存法宝。只有先保护好自己的生存状态，才能求得更大的发展。

动物界的生存需要保护色，低调做人就是给自己增添保护色。在人生的竞争中，你有必要对拟态和保护色有所了解，并且学会运用。尤其当你和周围环境比较，呈现明显的弱势时，更应该好好运用这两种大自然赋予的生物本能。

比如，我们初到一个新公司，应尽量入乡随俗，认同这个公司的企业文化，随着这个公司的脉搏呼吸，也就是说，遵守这个公司的规矩和价值观念。这是在寻找保护色，避免自己成为与周围环境格格不入的鲜明目标，否则会造成别人对你的排挤和伤害。如果你特立独行，行事高调，那么苦日子必定跟着你。当你的"颜色"和周围环境取得协调后，你也已成为这个环境中的一分子，而达到"拟态"的效果。到了这个地步，起码的生存环境就已经营造完成，不致发生问题了。

"拟态"的特色之一是静止不动。有保护色，又静止不动，那么谁也奈何不了你。因此在现实生活中，你为了避免不必要的灾祸，

必须严守静止不动的低调原则。也就是说，不乱发议论，不显露你的企图，不结党结派，尽量让人对你视而不见，那么就可以把自己的危险降到最低的程度。

低调做人是一个很大的哲学。倾听与学习，而非叽叽喳喳说个不停。不宜一开始就急着要别人认清你，应该把精力花在观察周围的事物，并提出一些切中要领的问题，而不是一味地想让别人知道你有多么博学多闻、有多么重要。对每个人都一样友好，任何人日后都可能成为你的好朋友、重要的工作伙伴，甚至变成你的顶头上司。所以千万不要预设立场，认为他今日不是个重要角色，就忽略了他的存在。不要骤下判断谁是对你重要的、谁会成为你的好朋友。第一印象往往是最不可靠的，所以在未与人交往一段时间之前，不要立即对一个人妄加判断。

同时，也不要随便听信别人的闲言闲语，让自己保持一个开朗的胸襟，以眼见的事实客观地去评断每一个人。不要刺探其他同事的私人问题，如果你喜欢听些闲言闲语，对你的声誉绝对是有害无益，最后你终将成为别人谈论的对象，同时也是一个不为他人信任的人。更不要表现出一副势利眼——在长官面前巴结逢迎、谄媚讨好，可是却对基层员工怒目相向，甚至破口大骂。开个门给同事方便一下，或是帮助他们把文具用品箱从仓库搬到办公室来，都是值得鼓励的。

首先摒除我们内心的想法是什么，也无论我们的感觉与企图心如何，都应该以对待朋友而不是竞争对手的态度面对周围的人，并且一定要在对方眼中留下这个印象。如果其他同仁在我们之前获得成功，一定要为他们感到高兴。如果是降临到自己头上时，则一切举止宜适中、含蓄些，不可飞扬浮躁。

这种处事低调的作风和保护色，能使我们安全的系数更高，我们人生之船才能一帆风顺地到达理想的港湾。

【片言絮语】

　　"拟态"和"保护色"的本能是生物演变的结果，弱者有，强者也有。弱者是为了自身安全，强者是为了不让弱者发觉。大自然赋予生物的奇妙本能，其实也一样存在于人生的竞技场上。

第二章
虚怀若谷，海纳百川

　　虚怀若谷，不是一味的谦让无主见，而是一种最高层次的自信。虚怀若谷，就是既有自己做人"底线"，同时又有"海纳百川，有容乃大"的胸襟。低调做人豁达大度、胸怀宽阔，这也是一个人有修养的表现。中国过去有句俗话，叫做"宰相肚里能行船"。姑且不论那些宰相是不是有肚量的人，但人们习惯把那些具有像大海一样广泛胸怀的人看做是可敬的人。

DiDiaoZuoRen
BuChiKui

1.能容人才能得人心

宽容待人，就是在心理上接纳别人，理解别人的处世方法，尊重别人的处世原则。我们在接受别人的长处之时，也要接受别人的短处、缺点与错误，这样我们才能真正地和平相处，人际关系才能和谐圆融。

有容乃大，容人就是一门做人的艺术，宽容精神是一切事物中最了不起的行为。古语有"宽以济猛，猛以济宽，宽猛相济"、"治国之道，在于猛宽得中"的宽容之说，古人就以此作为治国之道，表明宽容在社会中所起的重要作用。宽容，是自我思想品质的一种进步，也是自身修养，处世素质与处世方式的一种进步。

在现实生活中，有许多事情，当你带着怒气去实现或解决时，你不妨用宽容去试一下，或许它能帮你实现目标，解决矛盾，化干戈为玉帛。生活中，可以说不会宽容别人的人，是不配受到别人宽容的。

反之，我们也不能一味地把退让、迁就当作是一种宽容，当作是与人相处的最好方法。如果我们在现实生活中，对别人的错误一味地处处退让、迁就，就等于把自己的地位与做人标准都放弃了，那样，我们就会导致更大的错误发生，同时，我们也就失去了主宰自己的能力。这样的宽容是对别人和自己最不负责的表现，也是一种原则上的沦丧。

低调做人首先要有一颗宽容的心，这颗心的容量要大。心的容量有多大，人生的成就才有多大。清代的林则徐就有这样一句名言："海纳百川，有容乃大"，这句话被许多人看成是自己做人的准则，著名美籍华人陈香梅女士就是常以宽容之心来面对世事的。曾经经受磨难的陈香梅靠着坚强的性格和超人的才智，集作家、政治家及社会活动家于一身，被评为全美国 70 位最有影响的人物之一。她对"有容乃大"的自我注释是：不管什么是非都去计较的话，你一辈子就没有办法生活了。在我们生活的社会里，许多事情，尤其是小事情，如果看开一些，自己的心胸就宽大了。

宽容，不仅是一种社交的艺术，更是一种做人的度量和人格的伟大。这里有一则美国总统麦金利的故事：

麦金利担任美国总统时，特派某人为税务主任，但是却遭到了许多政客的反对，他们派遣代表进谏总统，要求总统说出派那个人为税务主任的理由。为首的是一国会议员，他身材矮小，脾气暴躁，说话粗声恶气，开口就给总统一顿难堪的讥骂。如果当时总统换成别人，也许早已气得暴跳如雷，但是麦金利却视若无睹，不吭一声，任凭他骂得声嘶力竭，然后才用极温和的口气说："你现在怒气应该可以平和了吧？照理你是没有权力这样责骂我的，但是，现在我仍愿详细解释给你听。"这几句话把那位议员说得羞惭万分，但是总统不等他道歉，便和颜悦色地说："其实这也不能怪你，因为我想任何不明究竟的人，都会大怒若狂。"接着他把任命理由解释清楚了。

等麦金利总统解释完，那位议员已被他的大度折服。他私下懊悔刚才不该用这样恶劣的态度责备一位和善的总统，他满脑子都在想自己的错。因此，当他回去报告抗议的经过时，他只摇摇头说："我记不清总统的全盘解释，但有一点可以肯定，那就是——总统并没有错。"

毫无疑问，在这次交锋中，麦金利占据了上风。为什么他能占

据上风？就是因为他的宽宏大量。在事业上建功立业、取得成就的，绝非是那些胸襟狭窄、小肚鸡肠、谨小慎微之人，而是那些如麦金利般襟怀坦荡、宽宏大量、豁达大度者。

低调做人要有一种看透一切的胸怀，才能做到豁达大度；把一切都看做"没什么大不了的"，才能遇事从容、应对自如。忧愁时，增添几许欢乐；艰难时，顽强拼搏；得意时，言行如常；胜利时，不醉不昏，有新的突破。只有如此放得开的人，才是豁达大度之人。

【片言絮语】

　　正所谓：退一步，海阔天空；让三分，心平气和。不要对是非对错斤斤计较，宽容一点，不仅可以给别人带去舒心，也能给自己带来快乐。

2.高标立身，低调处世

做人不管自己是"一介草民"，抑或是位居高官显位都需要谦和礼让。名是相对的，山外有山人外有人，满招损谦受益，如果你居功自傲、狂妄自大、不知深浅，最终摔跟头的还是你自己。

东汉的刘昆，字桓公，是梁孝王的后代。小时学习过礼仪。光武帝时，先做江陵令。江陵县连年发生火灾，刘昆就向火叩头行礼，火就灭了。后来他做弘农太守时，老虎背着小虎渡河跑了。光

武帝听说此事觉得惊异，提拔他做了光禄勋。光武帝问刘昆："你以前做江陵令的时候，使火熄灭；后来做弘农太守，老虎北渡逃走。你推行什么德政，而达到这样的结果？"刘昆回答说："这不过是偶然碰上罢了。"皇帝身边的人都笑他老实愚讷不会自夸，而光武帝感叹道："这才是长者的话呀！"回头叫人记在史策上，用来警醒世人。

先人有言："今人病痛，大抵只是傲。千罪百恶，皆从傲上来，傲则自高自是，不肯屈下人。故为子而傲必不能孝，为弟而傲必不能悌；为臣而傲必不能忠。"所以猖狂必忍，否则害人害己。如何忍傲忍狂？猖狂、傲慢的反面是谦，谦逊是对症之药，真正的谦虚不是表面的恭敬，外貌的卑逊，而是发自内心地认识到猖狂之害，发自内心的谦和。

三国英雄中"过五关斩六将"的关羽可谓是智勇双全的人物，但也有自满之风。他出师北进，俘虏了魏国将军于禁，并将征南将军曹仁围困在樊城。镇守陆口的吴国大将吕蒙回到建业，称病要休养，陆逊去探望他，两个人谈论起国事兵事，陆逊说："关羽节节胜利，经常侵凌别人，现在他又立下了大功，就更加自负自满，又听说你生了病，对我们防范就有可能松懈下来。他一心只想讨伐魏国，如果此时我们出其不意地进攻，肯定能打他个措手不及。"后来陆逊经吕蒙向孙权举荐代替自己前去镇守陆口。

足智多谋的陆逊一到陆口，立刻给关羽写信："前不久您巧袭魏军只用了极小代价，便获得了很大的胜利，立下了赫赫战功，这是多么伟大的事！敌军大败，对我们盟国也是十分有利的，我初来乍到，没有经验，学识也浅薄，一直很敬仰你，故恳请不吝赐教。"吹捧关羽说："以前晋文在城濮之战中所立的战功，韩信在灭赵中所用的计策，也无法与将军你相比。"这些吹捧使关羽大意自满，因此对吴国就不加设防，可是陆逊暗中马不停蹄地加紧准备，等待一切条件成熟后，大军到达立刻攻下了蜀中要地南郡，擒杀了关羽，

一代武圣就这样殒落。

为人处世，如果不加强自己的精神修为而骄傲自满、狂妄自大，就不会有好的结果，甚至会丧失自己的身家性命。古代像禹、汤这样道德高尚的人，尚怀自满招损的恐惧，那么普通人，德量与之相比差得更远，又有什么资格去嚣张狂妄、有自满之心呢？

西汉张良，年轻时曾在下郊游历，在一座桥上遇到黄石公，替他穿鞋，因而从黄石公那儿得到一本书，是《太公兵法》。后来追随汉高祖，平定天下后，汉高祖封他为留侯。张良说道："凭一张利嘴成为皇帝的军师，并且被封了万户子民，位居列侯之中，这是平民百姓最大的荣耀，在我张良是很满足了，愿意放弃人世间的纠纷云游而去。"司马迁评价他说："张良这个人通达事理，把功名等同于身外之物，不看重荣华富贵。"

祖先是韩国人的张良，伯父和父亲曾是韩国宰相，应该算是出身显贵的侯门之家了。韩国被秦灭后，张良力图复国，曾说服项梁立韩王成。后来韩王成被项羽所杀，张良感觉复国的希望破灭，于是就投奔于刘邦。

楚汉战争中，张良多次计出良谋，使刘邦险中转胜，为刘氏江山的万世基业夯实了根基。鸿门宴中，张良以过人的智慧，保护了刘邦安全脱离险境。刘邦采纳张良不分封割地的主张，阻止了再次分裂天下。与项羽和约划分楚河汉界后，刘邦意欲进入关中休整军队，张良劝阻，认为应不失时机地对项羽发动攻击，最后与韩信等在垓下全歼项羽楚军，打下汉室江山。

公元前201年，刘邦江山坐定，册封功臣，萧何安邦定国，功高盖世，列侯中所享封邑最多。其次是张良，封给张良齐地三万户，张良不受，推辞说："当初我在下郊起兵，同皇上在留县会合，这是上天有意让我为你效劳的。皇上对我的计策能够采纳，我已经感觉到受宠若惊了，我希望封留县就够了，不敢接受齐地三万户。"张良选择的留县，最多不过万户，而且还没有齐地富饶。张良回到封

地留县后，潜心读书，搜集整理了大量的军事著作，为当时的军事发展作出了重要的贡献。

虽然大汉王朝的江山已经巩固，但统治集团内部的明争暗斗依旧强烈。自古常言道："伴君如伴虎。"稍有不慎，就会卷进残酷的政治斗争中，轻则落得身败名裂，重则身首异处。张良不但在处理各种复杂问题上表现出过人的智慧，在功成名就时不贪功、不争利，以谦让之心保全身名的高尚品质，实在值得我们后人去学习。

行走于世间，要懂得高立身低处世的哲学。如果一个人喜欢自大自夸，不知天高地厚地过分炫耀自己的能力，看不起他人，不知谦虚之道，就算是有了一些功劳和成绩，也会"功不掩过"。

【片言絮语】

高立身低处世，就是要求一个人不管地位有多高都能以低姿态来为人处世。明确自己不如别人的地方，虚心接受别人的意见和批评。严以待己，宽以待人；不居功，不自傲；择善而从，自省自律，方可成大事。

3.做人贵有宽容之心

中国人自古以宽容为美德，故有将军额上可跑马，宰相肚里能撑船的说法。宽容，不仅是一种做人艺术，更是一种度量、一种人格修养的体现。学会宽容，会让生活充满了快乐，尝试着宽容自己、宽容别人，不仅能给别人带去快乐，也能给自己带来尊敬。

宽容他人首先要学会宽容自己。宽容自己并非纵容自身，二者不可混淆。一个人必须首先要学会爱自己，接受自己所有的优缺点，对于别人的批语，有则改之无则加勉。一个人在世上走，说到根本上，就是靠自己。如果自己都不去爱惜自己的话，指望别人是没有希望的。所以，我们一向反对对自己尖酸刻薄、妄自菲薄。无论自己制订了怎样的目标，无论对自己有多么高的要求，都应该把握好分寸，不能和自己太过较真，不能够给自己太大的压力。我们主张时时肯定自己成绩的原因也在于此。

一个人要学会宽容自己的错误、自己的不足，不能因为一点点小失败就垂头丧气，或是自暴自弃，或是变本加厉地压迫自己，不达目的誓不罢休，这样的做法都是没有任何意义的。善待自己，是很重要的。把握好分寸，鼓励自己，或是向自己施加压力，才是明智之举。

宽容自己也应该把握好一定的分寸，不能压迫自己，但是也不

能纵容自己。宽容总是有一个限度的，不能因为爱自己，体谅自己，然后就无限度地原谅自己，给自己的过失找各种各样的借口。压迫和纵容是问题的两个极端，都应该是被我们杜绝和规避的。

要懂得宽容自己，要做的就是不再计较既成的事实，对事实作适度的反省就足够了。不管事实有多么的严重，或者多么的牵动你的心思，都不重要，因为你没有能力再去改变什么。关键是要调整好心态，面对以后的日子。人总是要在能够把握住的东西上花费时间和精力的，这才是有意义的。我们需要博大的胸襟来宽容自己，来宽容他人。

为人处世中，对于别人的宽容，则是一种修养和宽大胸怀的表现。俗话说得好："花无百日红，人无千日好。"谁能没有马失前蹄的时候，谁能没有不清醒的时候，谁能避免自己永远都不犯错误呢？一个人在遭遇挫折的时候，最需要的就是别人的理解和宽容，而不是无休止的说教和求全责备。

低姿态做人贵在有宽容之心。"知错能改，善莫大焉。"无论对方的行为导致了如何恶劣的后果，只要他已经认识到自己的错误了，那么就应该以一颗宽容的心来对待他。如果说在做事过程中忍耐多少掺杂了无可奈何的作料，那么宽容则是做事中发自内心的襟怀坦白。人的成熟表现在性情上的温厚平和，岁月的烘烤不知不觉地蒸发了心灵中多余的水分，使虚涵的胸怀不至于动辄滥觞，而外面投来的石子也难以激起太大的水花和波纹。

宽容别人其实就是宽容自己，不苛求别人也就是不苛求自己。在这个过于拥挤的繁杂的世界里，在情感的润滑剂日见干涩的情况下，人与人之间的真挚的交往和相处都要通过宽容的方便之门。

晋代丞相王导一天头枕将军周凯的大腿睡觉。王导指着周凯的肚子打趣地说："你肚子里装了什么东西？"周凯说："哦？我这肚子里啊其实什么都没有，但是却容得下像丞相这样的人好几百个。"听了这句话，胸襟宽大的王导并不认为周凯在侮辱他。宋真宗时，

有个以度量宽厚闻名的宰相王旦。王旦十分爱清洁，有次家人烹调的羹汤中有不干净的东西，王旦也没有指责，只吃饭，不喝汤。家人奇怪地问他为什么不喝汤，他说，今天只喜欢吃饭，不想喝汤。还有一次，饭里有不干净的东西，王旦也只是放下筷子说，今天不想吃饭，叫家人另外准备稀饭。

法国作家雨果说："世界上最宽阔的是海洋，比海洋宽阔的是天空，比天空宽阔的是胸怀。"以肚量襟怀比喻人的宽容，颂扬一个人的气度和胸襟，古今中外盖莫能外。

明代朱衮在《观微子》中说过："君子忍人所不能忍，容人之所不能容，处人所不能处。"在事业上建功立业、取得成就的，绝非是那些胸襟狭窄、小肚鸡肠、谨小慎微之人，而是那些襟怀坦荡、宽宏大量、豁达大度者。

【片言絮语】

伟大的思想家孔子有圣言道："君子坦荡荡，小人长戚戚。"胸襟平坦宽荡，才能寝食无忧。泰山不拒杯土，故能成其高；江海不拒细流，故能成其大。为人不必过于刻薄，与人交而无怨，得宽怀处且宽怀，有宽容之心，最终得利的是自己。

4.饱满的谷穗总是低着头

　　饱满的谷穗总是低着头，而朝天的谷穗则是空壳而已。那些谦虚而豁达的人总能赢得更多的尊重和成功的机会，因为他们善于放下自己的架子，虔诚、恭敬地对待每一个人。反之，那些不可一世、目中无人的人则容易失败遭人唾弃。

　　心理学家认为，每个人从内心里都希望得到他人的肯定性评价，都在不知不觉强烈地维护着自己的形象和尊严，如果为人处世时过分地显示出高人一等的优越感，那就是在无形之中对对方的自尊和自信进行挑战与轻视，对方的排斥心理乃至敌意也就不知不觉地产生了。这也正如希腊一位叫希尔泰的学者所说的："傲慢始终与相当数量的愚蠢结伴而行。傲慢总是在即将破灭之时，及时出现。傲慢一现，灾祸必至，谋事必败。"所以说，检点个人的言行也很重要。

　　那么做人到底应当怎样检点自己的言行呢？似乎没有一个严格的定论，不过有一点毋庸置疑的是，做人要保持谦逊，不能自作聪明，不要以为自己比别人总多一点智慧。巴甫洛夫说："绝不要骄傲。因为一骄傲，你们就会在应该同意的场合固执起来；因为一骄傲，你们就会拒绝别人的忠告和友谊的帮助；因为一骄傲，你们就会丧失客观方面的准绳。"谦逊的目的，不是刻意地去贬低自己妄自菲薄，而是为了更好地了解自己充实自我。不管是在历史中还是现

实社会里，那些成功的人都是饱满的谷穗——谦虚而充实，他们都能给自己一个准确的定位和明确的目标。

19世纪60年代，法朗士和一批法国文学青年，决定创办一个文学刊物，他们写信给大文豪维克多·雨果，请求他写一封回信作为该刊的序言。雨果几天后回了信，青年们打开一看，里面写着："年轻人，我是过去，你们是未来。我是一片树叶，你们是森林。我是一枝蜡烛，你们是万道霞光。我只是一头牛，你们是朝拜耶稣的三博士。我只是一道小溪，你们是汪洋大海……"看了回信，他们简直不敢相信这是雨果写的。后经雨果女友朱丽叶证实确是出自雨果之手，然而，他们担心此信会影响雨果的名誉没敢发表。

其实，这封信恰恰是雨果谦虚品质的体现，它不仅无损诗人的名誉，反而从另一侧面反映了作家伟大和高尚的品质。

美国第三任总统托马斯·杰斐逊，1785年曾担任美国驻法大使。一天，他去法国外长的公寓拜访。"您代替了富兰克林先生?"法国外长问。"是接替他，没有人能够代替得了富兰克林先生。"杰斐逊谦逊地回答说。杰斐逊的谦逊给法国外长留下了深刻印象。在第二次世界大战中，丘吉尔因为有卓越功勋，战后在他退位时，英国国会打算通过提案塑造一尊他的铜像放在公园里供游人景仰。一般人享此殊荣，高兴还来不及，丘吉尔却一口拒绝了。他说："多谢大家的好意，我怕鸟儿在我的铜像上拉粪，那是多么的有煞风景啊。所以我看还是免了吧!"

正如高尔基所说："智慧是宝石，如果用谦逊镶边，就会更灿烂夺目。"雨果、杰斐逊、丘吉尔堪称谦逊的典范，从他们的经历得知，谦逊并非自我否定，它是自我肯定，信任我们为人的正直与修养。

这里讲一个著名的懂得"低头"的故事:

富兰克林年轻时曾去拜访一位德高望重的老前辈。那时他年轻气盛，挺胸抬头迈着大步，一进门，他的头就狠狠地撞在门框上，

疼得他一边不住地用手揉搓，一边看着比他的身子矮了一大截的门框。出来迎接他的前辈看到他这副样子，笑笑说："很痛是吧！可是，这将是你今天访问我的最大收获。"

要想圆融做人游刃有余，就必须时刻记住：要学会放低姿态，该低头时就低头。富兰克林把这次拜访得到的教导看成是一生最大的收获，并把它列为一生的生活准则之一。富兰克林从这一准则中受益终身，后来，他功勋卓越，成为一代伟人，他在一次谈话中说："这一启发帮了我的大忙。"

人的一生要历经许多道门坎，敞开的大门并不完全适合我们正常通行，有时甚至还有人为的障碍，我们可能要不停地碰壁，或伏地而行。如果一味地高姿态，端着架子往前走，到头来不但被拒之门外，遭人拒绝，而且会被撞得头破血流。学会低头，该低头时就低头，这既是做人的技巧和智慧，也是做人的风度和修养。

【片言絮语】

谦逊具有平衡作用，不让我们超于自己，也不让我们劣于自己；谦逊即是宁静，使我们不致受往日失败的拖累，也不致因今日的成功而忘乎所以。谦逊是人类一切美德的皇冠，因为它将天性、纪律、责任、自觉和谐地融会在一起。一个谦逊的人如果将自己身上的一切值得赞扬的东西都看做是应该的、理所当然的，那么他就会得到真正的自由，并为此快乐无穷。

5. 狭隘刻薄，害人又不利己

　　容忍是一门艺术，是人修身养性的"真经"，它不是随随便便可以得到或可以舍弃的东西，它是一种思想的凝结，可谓是人品中善良的升华，是人性至美的沉淀。

　　低姿态做人就必须要有容人的宽大胸怀。容人是一种做人的境界，我们要达到这种境界，就必须拥有博爱的心、博大的胸襟，还要有一份坦荡、一种气概，它不是"人不犯我，我不犯人，人若犯我，我必犯人"，更不是"你不仁，我更不义"。人间多少悲剧，多少恐怖，皆因人没有容人之心而发生！不能宽容，实和愚昧同义，而且这种愚昧，不是野蛮人和暴徒的愚昧，而是因为他们对于世间的事物认识不清，是一种由隔膜而误会，由误会而发怒，使自己深受其害的因素。

　　美国总统林肯以伟大的业绩和完美的人格被后人传诵。但他在成长道路上也曾因为爱得罪人而经历了不少的坎坷。林肯年轻时，住在印第安那州的一个小镇上，不仅专找别人的缺点，也爱写信嘲弄别人，且故意把信丢在路旁，让人拾起来看，这使得厌恶他的人越来越多。后来他当了律师，仍然不时在报上发表文章为难他的反对者。有一回做得太过分了，竟把自己逼入困境。

　　1942年秋天，林肯嘲笑一位虚荣心很强又自大好斗的爱尔兰籍政治家杰姆士·休斯。他匿名写的讽刺文章在报纸上公开以后，市民们引为笑谈。惹得一向好强的休斯大发雷霆，打听出作者的姓名后，

立刻骑马赶到林肯的住处，要求决斗。林肯虽然不赞成，却也无法拒绝。身高手长的林肯选择了骑马使用剑，请求陆军学校毕业的学生教授剑法，以应付密西西比河沙滩的决斗。后来在双方监护人的排解下，决斗风波才告平息。

这件事给林肯一个很深刻的教训，他认识到批评别人，斥责别人，甚至诽谤别人的事就连最愚蠢的人都会做。而一个具有优秀品质并能克己的人，常常是抛弃恶意而使用爱心的人。林肯从此改变了自己对人刻薄的做法，以博大的胸怀赢得了民心。林肯的教训及成功是值得我们仔细体味的。

战国时，齐国有名叫夷射的大臣，经常为齐王出谋划策整治别人，被齐王视为近臣。一次齐王宴请他，由于不胜酒力，他便到宫门后吹吹风。守门人曾经坐过牢，是个无聊之人，欲向夷射讨杯酒吃，夷射对他很鄙弃，便大声斥责，叫他滚到一边去，说他不过是个囚犯，不配向他讨酒吃！守门人想分辩时，夷射已悻悻离去。这个守门人对夷射十分愤恨。这时因天下雨，宫门前刚好积了一摊水，状如有人便溺之物，守门人便萌生报复心理。正巧，次日清晨齐王出门，见门前那摊不雅的水迹心生不悦，急问守门人是谁放肆，在宫门前便溺。守门人故作惶恐道："我不是很清楚，但我昨晚看到大臣夷射曾经站在这里一段时间。"齐王果然以欺君之罪，赐夷射死。

如果夷射当时能以容忍之心，不去计较这个人的身份和不光彩的过去，大度地赐他一杯酒吃，不就什么事都没有了吗？就是因为他对一个不起眼的人的肆意侮辱所种下的祸根害了自己，为了一杯酒而丧命的确不值得。本来一杯酒本不足挂齿，但守门人受人格之辱，岂能不报。我们思考一下，夷射遭此借刀杀人之毒计，也是咎由自取。待人刻薄没有容人之度必招祸害。

多一些包容之心，少一些刻薄与睚眦必报，是做人的美德与修养。人与人之间贵在和谐，如果谴责别人的小过失，念念不忘别人的旧恶，将使我们的心受到挟制。心眼狭小，更造成自己与别人相

处时的潜藏危机，为自己树立更多的敌人。相反，一个讲忠恕待人之人，心胸开阔，宽恕仁爱，他自身的修养不但臻于完美，与他人之间也是一团和乐。没有敌人，灾难必然也不会降到他的身上了。

历史总是有惊人的相似之处。三国时期的蜀国大将张飞之死，也是因没有容人之心、脾气暴躁、飞扬跋扈，他没有战死沙场却死在无名小卒之手。

战功卓越的张飞是刘备帐下一员大将，他在闽中镇守时，得知结义兄弟关羽败走麦城而被害的消息后，日夜痛哭。许多将领纷纷以酒劝解，张飞甚爱饮酒，醉酒后，怒火烧得更旺，对手下的士兵，稍有过失他就拳打脚踢，士兵受伤者轻则残废，重则死亡。刘备知道后，劝他宽厚容忍一些，否则早晚会惹祸上身。张飞充耳不闻。

一日，张飞令军中三日内置办白旗白甲，全体军士四日后挂孝攻吴。第二天，末将范疆、张达二人进帐禀报：三军挂孝，数量太多，一时难以备齐，须宽限几日。张飞大怒道："我急着报仇雪恨，恨不得明天就进军东吴，你们竟敢违令，罪不可赦。"当下命令武士责打二人50军棍。打完之后，张飞手指二人说："白旗白甲明天全部交上，不然，将你们斩首示众。"回营后，范疆说："今日受了刑罚，如何筹办白旗白甲？张飞性暴如火，明天若交不出货，你我都会被杀。"张达沉思片刻，说："与其他杀我，不如我杀他。"范疆说："只有这样了。"当天晚上，张飞又喝得酩酊大醉，躺在帐中呼呼大睡。初更时分，范疆、张达二人各怀利刃潜入帐中，将张飞杀死后，逃到东吴去了。张飞临死前都不知道自己死于何人之手，真可谓"死不瞑目"，让人可悲可叹。

张飞做为蜀国大将驰骋沙场所向无敌，在人们心中一直是正面形象，和万恶人确实联系不到一起。可是，为人处世和你的身份地位没有多大的关系，一个人品格优秀、德行高尚，才能到处受欢迎。而一个只想到自己的感受，一点不关心别人，没有一点容人之心的人，必然到处遭到唾弃。

人生在世，容人之心可谓是赢得人缘的保证。学会包容他人，不是一句做作的空话，而是发自内心，形于言表的自然流露。包容他人对自己无意的伤害，是让人钦佩的气概；包容他人曾经的过失，是对他人改过自新的最大鼓励；包容他人对自己的敌视、仇恨，是人格至高的袒露。包容也是人生的一大笔宝贵的财富。同样是一辈子，有的人在不尽的愤恨和埋怨中挣扎着过；有的人在快乐幸福中沐浴着过。包容别人是一种幸福，能让别人心存感激更是一种幸福！不能使自己在琐事困扰中作茧自缚，更不能在无尽争吵中度过此生。

人生中不如意之事十之八九，我们何必抱怨上苍。世界上人物各异，好坏并存，我们又何苦去唠叨世态炎凉、世风日下呢？"水至清则无鱼，人至察则无徒"。万物都有其不足的一面，我们为何不以一颗火热的包容之心，来体察它的另一面呢？也许别人万恶不赦，但请不要抱怨，好坏善恶，自有公论。

我们应该分清的是，包容不是面对权贵卑躬屈膝、点头哈腰，更不是畏惧高官而放弃对正义的追求！包容也不是迁就。包容别人的过错，是为了让别人更好地改过，而不是对他的放纵。包容他人不等于放任自流，那是不负责任。一味地迁就，是溺爱，是害人之举，若有人称此为"包容"，简直是对"包容"的玷污和歪曲！

包容确实是一门精深的艺术，只有领略到了其中滋味，行包容他人之举，真正地拥有那份广阔的心胸，那份坦然，那份自然，才是活出了真正的人生！

【片言絮语】

法国谚语说："能够了解一切事物，须能宽容一切事物。"所以低调做人，就要了解人生世态，对于别人的小过失小疏忽，该予以宽容之心去容纳，切不可加以谴责而伤了别人的自尊，不仅影响了人际关系，还为自己的成功之路安置些绊脚石。

6.用低姿态化解别人的嫉妒心理

　　培根认为，嫉妒毕竟是一种卑劣下贱的情欲，因此它乃是一种属于恶魔的素质。恶魔所以趁着黑夜到麦地里种上稗子，那是因为他嫉妒别人的丰收啊！在人性的丛林里，我们就要以低姿态的方式来化解别人的这种心理。

　　伟大的文学家鲁迅曾形象地把嫉妒比作矮小的侏儒，总是瞪着不示弱的眼睛，自己不长个，却希望把别人拉矮，和他穿一码的裤子才行。在生活中，嫉妒的心理可谓无孔不入的。它存在于朋友之间、同事之间、兄弟之间，甚至夫妻之间，但真正心怀大志有修为的人是不会嫉妒的，倒是那些平庸之辈常常心生嫉妒。

　　当我们看清了这些嫉妒之后，需要做的是：低姿态地出现在众人面前。如果你成功了，不可居功自傲，对人应该更加谦虚、礼貌、客气。不要过分显示你的成功，以避免刺激别人、增强他的嫉妒心，或引起原本并不嫉妒你的人升起嫉妒心。在适当时候显露你的短处，让嫉妒心强的人获得内心的平衡：他虽然成功了，但在某些方面还是有很大的缺陷。这样就会大大降低一些人的嫉妒心理。

　　在与人交际的时候，特别是在和嫉妒心强的人沟通的过程中，我们应该做到诚恳地与他交心，尽力地去得到他的配合，以此来化解那些人的嫉妒心。遭到嫉妒后，最佳的方式就是用低姿态来面对。反过来，当我们自身若有了嫉妒心，又无力消除之时，千万不要把

它转化为某种破坏力量，要知道这种力量其实就是一把双刃剑，伤人又害己。"生气不如争气，妒忌不如努力"，与其嫉妒别人，不如自己奋斗超越对方。

在职业场合中，我们常会碰到一些自以为是，趾高气扬的人。尤其对于新进同事，这些人更常是感觉自己高人一等，甚至恶言中伤。初进公司的人，倘若不幸地碰到这种人，则除自认运气不佳外，应该避免正面与其发生冲突，否则，他们因此记仇怀恨，结下梁子，恐怕将来吃亏受苦者还是自己！

每个人都有以自我为中心的心理，因此，在公司中作为新人，可于外表上对这种人谦恭有礼，言听计从。如若不然，不仅会使对方为你的桀骜不驯、目无尊长的漠然神态所激怒，甚至因此而结下深仇大恨，闹到这种地步，实在犯不着。只要不犯和他们相同的错误，能避免争端，就避开吧！不然，就更加谦虚，并以积极向学的精神，努力学习，坦诚接受领导或同事们的热切指导，以增进自我的实力吧！

职场只是人生大舞台的一个小的方面，在任何场合中我们做人都应该放低自己的姿态，培养谦逊处世的态度。谦逊并非自我贬低，而是自我肯定的一种方式，信任我们为人的正直与自信。谦逊是成功的起点，它使我们对于过去的失败有所警惕，对于现在的成功有所珍惜。我们不能让成败支配自己。谦逊是人生的平衡器，不是让我们高人一等或屈居人下。谦逊即是宁静，使我们不致受往日失败的拖累，也不致因今日的成功而忘乎所以。

谦逊是化解别人妒忌的有力武器。英国小说家詹姆斯·巴利的话最为中肯："生活，即是不断地学习谦逊。"一个人越是博学多才，越是感觉自己的知识匮乏，因此更显得谦虚谨慎。有一个徒弟认为自己已"学有所成"，可以出师下山，去向师傅辞行，而这位师傅深知这位弟子的底细，看着这位"学有所成"的徒弟，师傅概然道："事实上，我自己才刚刚入门。"浅薄的人总以为自己上天下地无所

不知，而富有智慧的哲人才深感学海无涯，唯勤是路。牛顿曾有感于此，他说他只不过是一个在大海边拾到几只贝壳的孩子，而真理的大海他还未曾接触。

那些自认为学识丰富的人，由于对自己过于自信，多半不容易接受别人的意见。不仅如此，过于高调的他们往往喜欢强迫别人接受自己的主张，或擅自做决定。长此以往，被压制的人会觉得受到侮辱、伤害，而不会心甘情愿地听从。他们可能会妒忌、愤怒、反抗，后果就可想而知了。

因此，你必须要以更加谦虚的态度去避免上述事情的发生。即使谈到自己认为很有把握的事，也要以谦和的态度阐明自己的观点，陈述自己的意见时，不可太过于武断，若想说服别人，就要先学会倾听别人的意见和想法。要是你讨厌被批评为假道学或俗不可耐，也不喜欢被认为没学问，那么，最好的方法就是不要故意卖弄学问，用和周围的人同样的方式说话。不要刻意修饰措辞，只要纯粹地表达内容即可。绝对不可让自己显得比周围的人更伟大，或高人一等。

宗教家康庇斯曾说："对成功不引以为意的谦虚者，非常了不起。"事实如此，胜不骄败不馁的态度的确让人敬佩。康庇斯强调每分每秒都要积极地生活，予己快乐，并与他人分享。谦虚的反义词是浮夸和虚荣。浮夸和虚荣腐蚀人性，但几乎没有人逃得过它们的诱惑。避免虚荣的秘诀是：勿苛求自己，勿强调成功。认同自己、接纳自己，做自己的好朋友，你就会成为同事和朋友眼中值得交往的人。诚如康庇斯所言："对自己的光荣丝毫不引以为豪，你就是真正的不凡。"

嫉妒心确实是个害人的魔鬼，它无情地吞噬损害人的心灵。我们不仅要学会该如何面对别人的妒忌心理，同时也要防止自己的这种不良心理的滋生。

当你在感受嫉妒之际，必然会置身某种竞争之中。你的目的是击败"对手"，但你却经常不知道究竟对手是谁，甚至是什么东西。

是比你业绩更好的工作同事？抑或是你朋友买了一套房子和轿车？你或许以为你嫉妒某人，但后来仔细观察却发现，你嫉妒的并不是这个人，不是他的作为，也并非他所拥有的一切。其实，嫉妒来自对自己的兴趣和自毁的倾向，你会嫉妒是因为你拿自己和别人相比，发现其他人比自己更好、更有吸引力等等。你所进行的是"一个人的战斗"，因此，你的对手其实是你自己。

嫉妒真是一把双刃剑，如果你对某人怀有嫉妒之心，可以确定的是，它不仅会伤害到这些情绪所直指的人，而且你所受到的伤害可能更甚于他们；嫉妒也像传染病一样，它们会在你体内不断损害、侵蚀你。被赋予"车城"之名的底特律，曾捧红过许许多多的歌星，像顶峰合唱团、黛安娜·罗斯、杰克逊家族、罗宾森、斯蒂夫·旺达和马文·盖等等。这些演员、歌星和舞蹈演员所面对的来自其他同行的嫉妒，可能是其他人远不及的。这或许是因为他们收入高，影迷、歌迷们对他们的崇拜，以及他们拥有的广大影响力。可是，不时有一些已经红了二三十年的演艺人员，公开表示对某些新出现的歌星、舞星和演员的支持。老一辈的佼佼者已明白对新出道人员羡慕与嫉妒是无济于事的，对于他人的成就所感受到的情绪应该是为对方感到骄傲。

当你经过自己的努力奋斗，梦想攀登到荣誉的顶峰时，当你为他人的成就感到骄傲时，不要只是说："我也希望能够达到他们一样的高度。"你应该脚踏实地地去做一些事，才能使得自己跟他或她一样有成就。既然羡慕与嫉妒的情绪并不能让你由板凳队员成为场上主力，那你为什么还要坐在场边任由这种情绪泛滥呢？因此，我们有必要向 NBA 火箭队的"刺头"威尔士学习，当得不到足够的上场机会和时间的时候，就应该在场下苦练自己的球技，一旦获得替补的机会就去充分地体现"第六人"的价值，这不，当姚明受伤后威尔士马上就得到主帅的重用，一跃成为火箭队不可或缺的主力队员。

假如你总是在担忧别人在做些什么，以及他们是如何做的，你会感到你在攀登顶峰的路途上更加艰辛。当你看到别人在享用胜利的成果时，就应好好看看他有什么是你可以借鉴和学习的，"临渊羡鱼，不如退而结网"。不管是面对别人的妒忌，抑或是自己的这种心理的泛滥，我们都应该拥有好的心态和方式去面对，于人于己都有好处。

【片言絮语】

妒忌是人性的一大弱点，每个人的成功，都或多或少地会遭到一些嫉妒者的白眼、诽谤和污蔑，不仅会给成功者带来心理压力，而且会变成强大的阻力阻拦你获得更大的成就，所以每一个成功者和渴望成功的人都要学会正确面对那些嫉妒者。

7. 自省责己贵于责人

"吾日三省吾身"，这是孔子的弟子曾子的一句名言。在《论语》中还有不少孔子对自省的精辟阐释，比如"见贤思齐焉，见不贤而内自省也"。从古至今，很多有成就的人，都注意随时省察自己的内心，以是克非，从而不断取得成功。

自省责己贵于责人。通过自我反省随时了解、认识自己的思想、意识、情绪与态度。孔子教导弟子说，能否坚持这样做是区别君子

与小人的主要标志："君子求诸己，小人求诸人。"又说："吾未见能见其过而内自讼者也。""内自讼"即内心自责，自我反省。

孔门大弟子曾参关于自省有一段著名的论述："吾一日三省吾身，为人谋而不忠乎？与朋友交而不信乎？传不习乎？"曾参每日三省是从另外三个方面去检查自己的思想和言行：一是反省谋事情况，即对自己所承担的工作是否忠于职守；二是反省自己与朋友交往是否信守诺言；三是反省自己是否知行一致，即是否把学到的内容身体力行。总之，通过自省是要从思想意识、情感态度、言论行动等各个方面去深刻认识自己、剖析自己。

周恩来同志在南开学校读书的时候，在大立镜旁边糊了一张纸做的"镜子"。每天早晨、晚上，他总要到这面镜子前面照一照，很多同学感到奇怪。跑去一看，原来是这么一回事，纸镜上写着："面必净、发必理、衣必整、纽必结、头容正、肩容平、胸容宽、背容直、气象勿傲勿怠、颜色宜和宜静宜庄。"周恩来同志一生为人处世，就是把这些话作为自己的一面镜子。

自省，贵在自觉。你是否自省，别人不大知道，也不好强迫。因此，自省的这个"自"字，就太重要了。"自"也就是自觉，独处一室之际，自律自责，启迪内心良知，反思自身优劣，克制过分欲望。别人的提醒和批评是重要的，但起决定作用的，还是要通过自省这个内因知过改过。一个人如果内心久久关闭了自省的闸门，缺乏主动自省精神，就会骄傲自满，自我感觉良好，不能发觉自身的错误，开展自我批评。自然，这种人也很难正确对待别人的批评，要么把别人的批评当成"耳旁风"，一句听不进去，要么对别人的批评产生反感甚至抵触情绪。

低调做人者常自省，而自省最难做到的就是客观公正地认识自己，不留情面地解剖自己。做到这一点，首先需要勇气，要敢于面对自己的缺点和不足。

谢觉哉、吴玉章两位老共产党员勇于自省的感人故事，委实让

我们后人为之钦佩。1943 年 5 月 1 日，谢老 60 岁生日，他谢绝一切亲朋好友祝寿，关起门来反躬自省。他在《六十自讼》的日记中写道："行年五十，当知四十九年之非，那么行年六十，也应该设法弥补五十九年的缺点。""假如我以前更加努力些，特别是入党以后，我的成就也许要大些。"吴玉章老人既是我们党的学界泰斗，也是严格自省的楷模。他 81 岁生日时，还一丝不苟地为自己写下一篇《自省座右铭》："年过八一，寡过未解，东隅已失，桑榆未晚。必须痛改前非，力图挽救，戒骄戒躁，毋怠毋荒，谨铭。"

为人处世就应该站得直行得正，应该具备有承担责任与知错反省的勇气。松下幸之助认为，责备别人或被责备，心里都不舒服，但最困难的还是"自责"。动物由于天生的无知，只会互相斗狠，以牙还牙，最后打得头破血流，两败俱伤。但上帝已赋予人类"以爱代替仇恨，以体谅代替敌对"的睿智。这也许是说来不易的事，但希望社会上的每一个人，都应该有这种悲天悯人的胸怀，要责备，至少也要在互相已尽力克服了困难与障碍之后。其实，最困难的莫过于责己，这是件非常不容易做到的事。松下指出，累积反省，就是累积实力，这比制订任何计划都要有成果。

低姿态做人就要时刻有自省的意识。当一个人一旦失去反省的能力，就看不见自己的问题，更不能自救。失去自我反省能力的人，最糟糕的一点是不能勇敢地承担责任。自己不景气，人家也不顺利时，一般人往往只顾外界，而常常疏忽了自我反省，并且心里常以到处都是这个样子，又以整个社会和市场的情形也是如此恶劣作为借口来安慰自己或逃避责任，然后将责任推给环境，而自认为已尽力了。

人性的弱点决定了人类是极自以为是的动物。假如一个人自己不常常反省或管理自己，就很容易把责任推给别人，而自以为是。"我是无辜的，一切都是这个社会造成的。"当一个人失去反省的能力时，他就无法认识错误，不能自救，以致陷于痛苦的深渊之中。

三国时蜀国与魏国在街亭作战，诸葛亮派马谡为先锋。没料到马谡违背诸葛亮的作战部署，致使蜀军大败。诸葛亮将马谡下狱以明军纪，并上书君王，引咎自责，说："我以弱小的才能，受到君主的信任，得以统帅三军，由于我治军法度不严明，做事不够谨慎，出现了街亭失守的败局。这个责任，在我用人不当，知人不够，所以我情愿降三级以记住这个教训。"

将一切责任丢给对方，对于自己不利的事情，一概推得干干净净，那就太轻松了。倘若社会上的人都这样互相推卸责任的话，这个世界又将成为怎样的世界呢？理由是可以捏造的，为了推卸责任，可以找出种种的理由，并且在法律上也可能毫无责任。不过这只能说是道理如此，法律如此。人与人共同相处的社会，无论是什么事情，都不可能是与自己毫无关系、毫无责任的。既然有关联，就应该进行自我反省，要有强烈的责任感。

喜欢将责任归咎于别人，这是人之常情，然而，却是缺乏勇气的态度，是懦弱的表现。如果社会上充满这种人，真正的繁荣与真正的和平将无法得到。只有每个人都勇敢地承担起他应当承担的责任，这个世界才会少推诿、逃避，才会真正地成熟。

【片言絮语】

自省是一种良好的处世态度，懂得自省的人能够不断进步，同时也是对自己负责的表现。自省能让人少犯错误减少失败，因此，善于自省的人会常常听取别人的意见，从而修正自己的言行，提高自己的修为。

8.量小非君子，无度不丈夫

　　做人大度是一种豁达的风范。对于人生，也许只有拥有大度的胸怀，才能面对自己的人生。当我们"宽恕"别人，不但给了别人机会，也取得了别人的信任和尊敬，我们也能够与他人和睦相处。

　　大度的胸怀是低调做人必备的素质之一。当然，想心胸宽大不是说到就能做到的，这需要一个自我修为的过程，需要我们在日常生活中用心去对待每一个人。

　　在我国的春秋时代，齐桓公能够取得那样大的丰功伟绩，如果不去依赖宰相管仲的辅佐是不可能达到的。但管仲曾因王位继承的问题与他作对，曾经刺杀齐桓公未成。因此齐桓公即位时想惩罚管仲，后来接纳了鲍叔牙的"大王若想称霸天下，就得起用管仲"的忠告，忘记前嫌，胸怀大度地立管仲为相。管仲为报齐桓公的知遇之恩，在政治上大展才华，不但使齐国兵强国盛，更使齐桓公得以称霸天下。如果齐桓公对于曾经和自己敌对的人缺乏包容的大度之心，又不肯接受鲍叔牙的忠言，或许日后的成就就不会有那么大了。

　　美国有位来自伊利诺伊州的议员康农，刚刚上任就有代表嘲笑他："这位从伊利诺伊州来的先生，他的口袋里恐怕还有小麦吧！"这是在讽刺康农还没有摆脱农夫的气息。康农并没有生气，而是从

容不迫地答道："我不仅口袋里有小麦，而且头发里还藏着草屑。我们西部人难免有些乡村气，可是我们那里的小麦和草屑却能生长出最好的禾苗来。"当时与康农随行的人员要求康农去找那位议员理论，康农拒绝了，他说："算了，何必与他争论。"

这个绝妙的回答不但表明康农能随时调整自己的情绪，而且显示了他博大的胸怀。

还有这样的一个寓言故事：

有一次，太阳和北风打赌，看谁有本事先让路上的行人把大衣脱去。于是太阳用它温暖的光去照射，从而轻而易举地使行人脱下大衣；而北风使劲地吹，想要用劲风把行人的大衣给吹掉，结果反而使行人把大衣裹得更紧。从太阳与北风打赌的这则故事中，我们可以得到这样一个哲理：在为人处世中，对你周围的人要像太阳那样，用温暖去感化他们，让他们从中体会到温暖和尊重；如果一味地强逼压制，不但不会达到预期的目的，反而会使人产生逆反抵触的心理。

在生活中，如果你想成为一个受人欢迎的人，就要拥有一个大度的胸怀。人与人相处，总要有一方先打开胸襟，对他人要真心实意，不能做两面三刀的事。如果彼此间等待对方先有所表示，那么别指望会有互相理解、彼此合作的那一天了。

在我们的生活中，经常有人用"量小非君子，无度不丈夫"来形容人的大度量。一部分人斤斤计较，眼里容不下沙，肚里容不下气，甚至因气量小而闹出病来，他们知自己气量小就强调自己不去做"大丈夫"；而另一部分人则相反，在许多原则性的问题上不作斗争，充当好人搞一团和气，去破坏原则。这两种做法都是不可取的。

一个人的度量是可以培养的。当我们面对生活繁琐之事的时候，都应该抱着大事清楚、小事糊涂的原则和态度，这样气量就会慢慢大起来。气量大，有涵养，能容人，这些都是可以在实际生活和社会交往中磨炼出来的。

【片言絮语】

　　大的度量是一种财富，拥有大度，就是拥有一颗善良、真诚的心，它能在时间推移中升值，它会把精神化为物质，它是一盏绿灯，帮助我们在人生大道中通行，选择了大度，其实就是赢得了宝贵的人生财富。

9.学会宽恕

　　宽恕是一种坚强，而不是软弱。宽恕要以退为进、积极地防御。宽恕所体现出来的退让是眼光长远的智慧，无奈和迫不得已不能算宽恕。懂得宽恕的人主动权永远掌握在自己手中。

　　心理学告诉我们，当人一旦受到来自外界伤害的时候，最容易产生两种不同的反应：一种是憎恨，一种是宽恕。憎恨的情绪，使人一再地浸泡在痛苦的深渊里。如果放任憎恨的情绪持续在心里发酵，可能会使生活逐渐脱离正确的轨道，行为越来越极端，最后一发不可收拾。而宽恕就另当别论了，宽恕必须随被伤害的事实从"怨怒伤痛"到"我认了"这样的情绪转折，最后认识到不宽恕的坏处，从而积极地去思考如何原谅对方。

　　人称"圣雄"的甘地，是 20 世纪印度民族独立运动最有权威的领导者，印度国民大会党的主要领导人。甘地不仅是出色的领袖，

也是杰出的思想家，他的思想和主张对整个印度半岛产生了巨大而深远的影响。甘地的思想很特别，他的政治观念是建立在印度传统宗教思想基础之上的。英雄式的忍耐性，使甘地的"非暴力运动精神"注入到了印度人的灵魂之中，从而使得英国殖民当局武力式的压迫在非暴力运动精神面前束手无策。

甘地是一个纯粹的精神运动领袖，无限的宽恕和无限的忍耐始终贯穿在他发动的革命运动之中。在甘地领导的工作中，找不出任何一点以权谋私的痕迹。他总是以牺牲自己的伟大精神来对待工作，并希望借此号召信徒，感服敌人。甘地的心灵永远是仁慈、虔诚的，甘地的胸怀永远是宽容、博大的，即使面对敌人也是如此。

1907 年，因为甘地所采取的非暴力抵抗运动遭到部分激进分子的抵制，同时，英国当局用尽全部手段迫使他屈服。有一天，甘地在大街上被一群暴徒无情地攻击和毒打，这群人打到以为他断气了才离开。以后，甘地又被捕入狱，判刑后做了苦役。在那非常时期里，甘地仍然以他那无比的度量、最大的包容宽恕暂时的、永久的政敌，他继续为鞭打他的人奋斗，继续走自己既定的道路。甘地曾经和泰戈尔在观念上产生过矛盾，两个人之间的友谊出现了微小的裂痕，可是甘地不想做任何文字或口头上的理论和辩解。当有人在他面前攻击泰戈尔时，甘地就想办法阻止他们说下去，并毫不客气地命令他们不要散布流言，破坏他和泰戈尔之间的交情。另外，他还发表声明，表示自己应该感谢泰戈尔。甘地就是依靠宽恕赢得了他的人民乃至敌人的信任和拥戴的。

从另一方面讲，宽恕可谓是一种文明的责罚。只有在有权力责罚时而不责罚，才是宽恕；只有在有能力报复时而不报复，才是宽恕。低调做人就应当拥有这种宽恕的德行。不具备邀请伤害自己的魔鬼吃樱桃的德行，是很难取得更大的成就的。

行走于世间，我们每一个人都不要放弃这种做人的态度，要努力争取做到真正宽恕应该宽恕的人或事。

写过不少美妙幻想儿童故事的英国学者路易斯，小时候常受凶恶的老师侮辱，心灵深受创伤。他几乎一生不能宽恕这位伤害过自己的老师，且又因为自己不能宽恕而感到困扰。然而在他去世前不久，他写信告诉朋友道："两三星期前，我忽然醒悟，终于宽恕了那位使我童年极不愉快的老师。多年来我一直努力想做到这一点，每次以为自己已经做到，却发觉还须再度努力一试。可是这次我觉得我的确做到了。"这真是大彻大悟啊！

真的，仇恨的习惯是难以破除的。和其他许多坏习惯一样，我们通常要把它粉碎很多次，才能最后把它完全消灭。伤害愈深，心理调整所需要的时间就愈长。可是久而久之，总会慢慢地把它消灭。

斯宾诺莎说："心不是靠武力征服，而是靠爱和宽容大度征服。"如果一个人能原谅、宽容别人的冒犯，就证明他的心灵乃是超越了一切伤害的。做人要心胸开阔，对事要思想开明。世界上最能长存的东西能存在的日子也很有限，做人又何必拿这些小事当真呢？宽恕人家所不能宽恕的，是一种高贵的行为。

【片言絮语】

古人云：怨怨相报何时了，得饶人处且饶人。这是一种宽恕，也是一种博大的胸怀，一种不拘小节的潇洒，一种伟大的仁慈。自古至今，宽恕被圣贤乃至平民百姓尊奉为做人的准则和信念，已成为传统美德的一部分，并且视为育人律己的一条经典准则。

10. 做人要认真但不可较真

世事就怕较真，很多事一较真就会鸡蛋里挑骨头。遇事太较真，看不惯，听了烦，不懂得包容，不仅对自己的身体和精神不利，还会让别人陷入尴尬之境而下不了台。

有句话说得好："唯大英雄能本色。"做人在总体上、大方向上讲原则，讲规矩，但也不排除在特定的条件下灵活变通。所以说，要认真做人，但不可较真去面对一切事情。凡事过分苛求，只会苦了自己，也苦了别人。没有比较开阔的眼界，不能心平气和地看问题，就会陷入某种心结，导入促狭昏暗之中，无法摆脱某种其实无所谓的事情的纠缠，而郁郁不可终日。此时，不妨作一个换位思考，设身处地地为对方想想，那么我们就能够对一些事情释然了。

著名的美国成人教育专家戴尔·卡耐基是处理人际关系的老手，然而在他年轻的时候，也是争强好胜行为高调，好表现自己，也因此犯过一些"不成熟"的小错误。

有一天晚上，卡耐基参加一个宴会。宴席中，坐在他右边的一位先生讲了一段幽默故事，并引用了一句话，意思是"谋事在人，成事在天"。那位健谈的先生提到，他所引用的那句话出自《圣经》。然而，卡耐基发现他说错了，他很肯定地知道出处，一点疑问也没有。为了表现优越感，卡耐基认真又讨嫌地进行了纠正。那位先生立刻反唇相讥："什么？出自莎士比亚？不可能！绝对不可能！"那

位先生一时下不来台，不禁有些尴尬恼怒。

这个时候，卡耐基的老朋友法兰克·葛孟就坐在他的身边。葛孟研究莎士比亚的著作已有多年，于是卡耐基向他求证。葛孟在桌下踢了卡耐基一脚，然后说："戴尔，你错了，这位先生是对的。这句话出自《圣经》。"那晚回家的路上，卡耐基对葛孟说："法兰克，你明明知道那句话出自莎士比亚之口。""是的，当然。"葛孟回答，"在《哈姆雷特》第五幕第二场。可是亲爱的戴尔，为了那么一点儿小事就和别人较起劲来，值得吗？再说，我们是宴会上的客人，为什么要证明他错了？那样会使他喜欢你吗？他并没有征求你的意见，为什么不保留他的脸面而说出实话得罪他呢？"

葛孟的话浅显易懂富有道理。我们平时与人交往其时也是如此，正如葛孟所说的，在交际场合要懂得给对方留个面子和台阶，一些无关紧要的疏忽，放过去无伤大局，那就没有必要去纠正它。这不仅是为了自己避免不必要的烦恼和人事纠纷，而且也顾到了对方的名誉，不致给别人带来无谓的烦恼。这样做并非只是明哲保身，而是为了体现为人的大度和低调做人的智慧。

人无完人，金无足赤。与其寻找别人的缺陷，指责别人，远不如发现自己的缺陷，指责自己；更不如发现别人的优势，欣赏别人；指责别人，远不如去了解别人，理解别人，原谅和宽容别人。不可以总是揪住别人的一点缺陷和一时的疏忽，而看不见对方还有更多的优点。人们常说：凡事不能太较真。一件事情是否该较真，这要视场合而定。钻研学问要讲究较真，面对大是大非的问题更要讲究较真，但是为人处世我们不该较真的时候就应该懂得适时的圆融。

低调做人不是没有原则地去纵容对方的错误而无动于衷，而对于一些无关大局的琐事和小事，不必太较真。不看对象、不分地点地刻板地较真，往往使自己和对方都处于尴尬的境地，这样就会招致别人的不快和怨气，从而导致自己处处被动受阻。

在人际交往中，当我们碰到这样的情况，如果能理智地后退一

步，往往能化险为夷。所以，认真需要我们去仔细权衡。鸡毛蒜皮的繁琐无须认真，无关大局的枝节无须较真。以低调的姿态、以包容的心态去面对一些非原则性的问题，会让你的人际关系左右逢源。

【片言絮语】

　　人海茫茫，前进的道路曲折艰辛而又错综复杂，许多非原则的事情不必过分纠缠计较。凡事都去认个真、较个劲就会得罪人，就会给自己多设置一条障碍，多添加一道樊篱。

11.让流言止于己，不在背后说人短

　　语言是把双刃剑，它可以让人乐也能惹人怨。有时你不经意说的一句话，都有可能在别人的传言甚至有意的歪曲中，变成一把利刃伤了他人也伤了自己。所以，智者不仅让流言止于己，还会在背后说别人的好话，同样是一句话，效果却有天壤之别！

　　如果将一个人的生活做个粗略的划分，根据时间和空间的不同，大致可分为公域和私域。因此，我们说话要分场合，任何时候都不能乱说话，其中我们必须牢记的一个原则就是千万不能搬弄是非，散布流言。

　　说起办公室政治，大多数人的第一个反应就是避之唯恐不及，

不愿卷入办公室的尔虞我诈里。办公室里的人事关系最微妙，有人升迁，有人被炒。你不是老板，你不知原委就免开尊口，至于谁是老板的亲戚你知道就得了，犯不上传扬或跟人背后嘀咕。同样，有些类似"公司福利不好"、"公司老让加班，不给加班费"的话说也白说，反而传来传去，被添油加醋，让你连解释的机会都没有。"没有不透风的墙"，老话自有道理。今天你和某同事说"小张能力不行，办不成事"，过不了两天话就传到小张耳朵里了，你还不知情，却把人得罪了。

但还是有许多人进入职场后，为了争权夺位，不惜四处散播谣言，或者搬弄是非，惹得人人生厌，公司内部的和谐状态被彻底打破了，完全违反了职场中的游戏规则，结果，老板不得不请他卷铺盖走人。

吴大林刚进入职场后，不知道办公室政治的深浅，与同事王某一同出去吃饭，听王某诉说主管陈某的一些是非，便在后来的一次出差机会中把这些话又原封不动地告诉了陈某。陈某一气之下，又说了王某一些事情，吴大林出差回来后又在一次偶然的机会中告诉了王某，因此，王某和陈某大吵了一顿，顺带牵出了吴大林。后来，老板为了摆平这些事情，把吴大林辞退了，这才平息了王某和陈某的怒气。

所以，在职场上，一定要注意自己的嘴，尽量避免谈论公司的人和事，这是做人的原则。

我们都知道流言的杀伤力很大，因为你一旦接触到它，就会受到伤害，即使你有能力辨别真伪，但它已破坏了你平静的心境，使你或愤怒或痛苦或伤悲。所以就有很多人都抱着清者自清、浊者自浊的心态，以为只要能独善其身就可以远离是非圈，就可以明哲保身、图个耳根清净。但是地球上没有真正的中立国，流言并不是可以躲避的，因为有人群的地方就流言。流言也是各式各样的，比如小道消息，而那些没有根据的话，其中大多带有诬蔑或挑拨是非的

目的，就是生活中最常见的一种流言。你大可不必跟着别人惹是生非，但千万别以为洁身自爱就可置身事外，因为流言从来就不长眼睛。聪明的人不去刻意地躲避流言，而是坚持让流言止于己，并且在适当的时候真诚地去赞美别人。

因为当面的好话，更容易被理解成是恭维，人们不会太认真。比如你当着主管的面说主管的好话，同事会说你在溜须、拍主管的马屁，从而招致大家的轻视。而且，这种正面的歌功颂德，所产生的效果很小，甚至有反效果的危险。主管脸上可能挂不住，会以为你是个不务实的家伙。

而背后的好话就不一样了，由于你在背后说人好话是"无意"的，会被人认为是发自内心，不带私人的动机的，当事人就会很容易从心里面接受。德国的铁血宰相俾斯麦，为了拉拢一个敌视他的议员，便有计划地在别人面前赞美这位议员，他知道那些人听了之后，肯定会把他的话传给那个议员。后来，两人成了无话不说的政治盟友。

每个人都有虚荣心，喜欢听好话。来自社会或者他人的赞美能使一个人的自尊心和自信心得到极大的满足。当他的荣誉感得到满足时，他会情不自禁地得到鼓舞和愉快，从而从心里对你感到亲切，对你备生好感。

如《红楼梦》中有这么一段：

史湘云、薛宝钗劝贾宝玉作官为宦，贾宝玉大为反感，对着史湘云和袭人赞美林黛玉说："林姑娘从来没有说过这些混帐话！要是她说这些混帐话，我早和她生分了。"

凑巧这时黛玉正来到窗外，无意中听见贾宝玉说自己的好话，"不觉又惊又喜，又悲又是叹"，结果宝黛两人互诉肺腑，感情大增。

因为在林黛玉看来，宝玉在湘云、宝钗和自己三人中只赞美自己，而且不知道自己会听到，这种好话就不但是难得的，还是无意的。倘若宝玉当着黛玉的面说这番话，好猜疑、小性子的林黛玉怕

还会说宝玉打趣她或想讨好她呢。

另外，在职场上，在背后说好话也会有意想不到的好处。

小张是一个公司的职员，一次吃饭时无意中说了句：主管这人不错的，公平，诚实，也没有什么架子。不知不觉这话被传到了主管的耳朵里，主管很得意，小张的形象在他心中也光辉不少。后来有一次，小张费尽心力，做好了一篇市场调查，调查做得相当完美，部门经理引为经典，差点当成教科书来用。上司问主管谁做的，主管本来想贪天之功，把功劳自己昧下，可是突然想起小张的话，主管这人不错，公平。于是主管良知发现，不好意思做下此等事情，小张的功劳得以保存。

喜欢听好话似乎是人的一种天性。当来自社会、他人的赞美使其自豪心、荣誉感得到满足时，人们便会情不自禁地感到愉悦和鼓舞，并对说话者产生亲切感，这时彼此之间的心理距离就会因赞美而缩短、靠近，自然就为交际的成功创造了必要的条件。

在背后说别人的好话，能极大地表现你的"胸怀"和"诚实"，有事半功倍的效用。比如，你夸上司，说他公平，对你的帮助很大，而且从来不抢功。以后，你的上司在"抢功"时，可能会有那么一点顾忌，也会对你手下留情。

【片言絮语】

虽然在背后吐露自己对他人的不满和怨气，可以逞一时的口舌之快，流言也就是这样来的，但是，最后的结果可能是害人又害己。做人要胸怀坦荡，开诚布公，与其在背后论人长短，说人坏话，最后落个悲惨的下场，不如坚持在背后说别人的好话，赢得好人缘。

第三章
路窄让一步，味浓减三分

"径路窄处,留一步与人行；滋味浓的，减三分与人尝"，此乃处世求安之法。路窄留给他人行，味浓让与别人尝，律己忘功不忘过，待人忘怨不忘恩，我有功于人不可念。路窄让一步不是软弱，也不是窝囊；不是无能，也不是麻木；不是放弃对真理的追求，也不是放弃对原则的维护；不是人格的沦没，更不同于向敌人的屈服。谦虚忍让是一种美德，是一种风范，是一种高尚的境界，是一种无私的胸怀。

DiDiaoZuoRen
BuChiKui

1.把好处留一点给别人

吃亏和受益是一种互为存在、互为结果的东西。低调做人就要懂得适当地去吃些亏，把好处留一点给对方。忌讳时时怕吃亏的思想，有些事情当时可能是吃亏了，但事后仍有可能会出现一个受益的结果。

人是社会中的人，就注定了离不开社会，也不可能脱离群体独自生存。因此，在频繁的社交过程中与他人相处是不可或缺的。故我们做人不可以没有准则，有了准则才可以更好地去处理彼此的关系。因为自我与他人，各自为人的规则难免存在差别。有了差别，就会产生矛盾和冲突。两种或两种以上的为人准则碰在一起，要么立刻分开，要么有人肯吃亏，比较合理的是双方各做一点让步，把好处让给对方分享一点。

有一次，记者问小巨人李泽锴这样一个问题："你父亲教了你一些怎样成功赚钱的秘诀？"李泽锴回答道："赚钱的方法其实父亲什么也没有教，只教了自己一些做人的道理。"李嘉诚曾经这样跟李泽锴说，他和别人合作，假如他拿七分合理，八分也可以，那李家拿六分就可以了。

我们可以这样理解李嘉诚的意思，也就是说他总是愿让别人多赚二分，无私地把一些本来可以自己占有的好处让给对方。所以每个人都知道，和李嘉诚合作会赚到便宜，因此更多的人愿意和他合

作。你想想看，虽然他只拿了六分，但现在多了100个人，他现在多拿多少分？假如拿八分的话，100个会变成5个，结果是亏是赚相信每一个明白的人都会知道。

智者常说："吃亏是福。"其中必定有其缘由和哲理。不管你是做老总也好，做生意场上的伙伴也罢，手下的人跟着你有好日子过、有奔头，他才会一心一意心甘情愿地为你打拼，因为他知道"水涨船高"的道理，老板生意好了他才会好；同样的道理，生意场伙伴同你做生意总能赚到钱才不会朝三暮四。因为他晓得你赚你的，他赚他的，有钱就该大家赚，这就是他们的平衡思维。

在一般人的印象中，做老板的多数显得抠门，毕竟是生意人多少要算计，这也是人之常情。因为要是给员工工资福利多一些成本就会加大，当然"吃亏"；给生意伙伴多几个点的折扣率利润就会薄些，也会"吃亏"。事情都是相互的，其实你让员工得到了实惠，你有肉吃他有汤喝，你得一分他获五厘，即使他不是全心全意为你，他只是为了他自己该得的那一份，他得到的同时你不是也收获了吗？如果你的生意伙伴知道，同你做生意一定会比同别人做得到的多些，而且不是一次，而是每次，他就没有心生他意舍你求他的道理。如果每一位和你做生意的伙伴都舍不得离开你，你的生意就没有做不大的道理，是为吃小亏占大便宜。

社会生活中，有些人就想一点亏不吃。这种想法是否聪明不敢说，但可以肯定的是，一点亏都不吃理论上可行，实际上不可能。小贩们卖东西常缺斤短两，钱是赚了些，可亏心；欠了人家钱赖着不还，还转移财产，钱财是落下了，理亏；仗着有点钱有些权，做很多不公道的事，无权无钱的人敢怒不敢言，歪风行其道，公理靠边站，这种人的权势也许越来越大，可他们亏了德行。

让步与吃亏是低调做人的必要前提。在生活中，人们对处处抢先占小便宜的人一般没有什么好感，这样，他从做人上来说就吃了大亏。因为你已经处处抢先了，你从来不等别人想到你而总是主动

跳出来，为自己谋取每一点你看在眼里的利益，那么你周围的人就再也不会主动接近你与你做朋友，反而要处处对你设防，这样一来，你不是将会失去更多了吗？

不懂得"忍痛割爱"，不把好处让给别人、爱占小便宜的人，心情经常会处于比较恶劣的状态，因为你很爱占小便宜，日久天长，便宜不会有让你占尽的时候，你就会觉得自己总在吃亏，心中就会积存不满和愤怒，这对自己也会是很大的伤害。再有，太多计较小利的人绝不会有什么出息，因为你的眼光都集中到收集和占有眼前的每一点微小的利益，它势必影响你向远处看、向高处看，去获取大的成功和利益。

所以生活中有很多时候，适当地把好处让给他人，对你自己的利益其实不会有什么根本性的损失。人心是一杆秤，如果你能使自己做到不斤斤计较，对别人不过分苛求，待人宽厚，你周围的人就会信赖你、尊重你，你就会有一个宽松而和谐的生活氛围，你就会时时有很开心的感觉。能想明白吃亏就是占便宜，而且尽量身体力行，是一种做人的境界。

【片言絮语】

社会是一个繁杂的社会，人生是一个多元的人生。吃亏与受益往往是相对的，理解不同结果不同，有些时候，即使是同一件事，同一个人所为，吃亏和受益都会呈现出两种截然不同的结局出来。

2.低调对待自己获得的荣耀

低调坦然地面对自己获得的荣誉，以宽大的胸怀和他人分享这份成功，你也快乐别人也同样得到开心，人与人之间的相处其实并不是那么的复杂，只要摆正自己的这份心态，你的人生就会拥有更宽大的舞台。

在生活中，如果你对自己的荣耀过于高调地显摆，就可能会让别人变得暗淡无光处于尴尬境地，使周围的人产生一种妒嫉和厌恶之感。假如摆正自己的心态，把自己放在很低的位置，懂得去感谢、学会与人分享，那么你所获得的将不仅仅是荣誉，还有更多你所意想不到的东西。

人在职场多是非。当你在工作优异，有特别表现而受到领导的肯定嘉奖时，千万记住——别独享荣耀，否则这份荣耀会为你带来人际关系上的危机。

王晓波在一家业务公司做业务员，因为他能说会道性格比较开朗，因此业务一直做得有声有色。有一回，因为完成了一个数目不小的大单子，使他得到了很高的业务提成，而且老板还另外给了他一个红包，在公司的例会上还当众表扬他的工作成绩。但是他并没有现场感谢上司和属下们的协助，更没有把奖金拿出一部分请同事们"腐败"一下，反而在同事面前不停地唠叨自己怎么有能耐和有本事。大家虽然表面上没说什么，但心里却感到不舒服，于是就慢

慢地和他产生了隔阂，因此，在以后的工作中时不时地和他作对就在所难免了。由于上司的白眼，同事间关系的冷漠，最后没过多久他就因为呆不下去而辞职了。

只要有职场经历的人，我想应该经常会遇到这样的情况。因此，为了让这份荣耀为你带来益处，应该静下心来认真地处理这份来之不易的荣誉。

要低调地对待自己所获得的荣誉，首先我们应该以谦虚的姿态示人。人往往一有了荣耀就"忘了我是谁"地自我膨胀，这种心情是可以理解的，但旁人就遭殃了，他们要忍受你的嚣张气焰，却又不敢出声，因为你正在锋头上；可是慢慢地，他们会在工作上有意无意地抵制你，不与你合作，让你碰钉子。因此有了荣耀，更要谦虚；别人看到你的谦虚，会说"他还满客气的嘛!"当然就不会找你的麻烦和你作对了。

再就是学会把自己的成功与他人分享。口头上的感谢是一种分享，这种"分享"可以无穷地扩大范围，反正"礼多人不怪"嘛。另外一种是实质上的分享，别人倒也不是非要分你一杯羹不可，但是你主动地与他人分享，让他人有受尊重的感觉，如果你的荣耀事实上是众人鼎力协助完成的，那么你更不应该忘记这一点。"实质"的分享有很多种方式，小的荣耀请吃糖，大的荣耀请吃饭，分享了你的荣耀，受到你的尊重，今后大家的关系会更加融洽。

最后，我们应该有具感恩之心。感谢同仁的鼓励、帮助和协作，才会有今天的成绩，不要认为这都是自己的功劳。尤其要感谢你的上司，感谢他的提拔、指导、授权。如果实际情况果真是如此，那么你的感谢就是应该的；如果同仁的协助有限，上司也不值得恭维，你也有必要感谢他们，表面上这样做虽然虚伪一些，但却可以避免使你成为靶子。在日常生活中，我们经常可以看到一些颁奖礼上，那些获奖人在上台领奖时都要感谢一大堆人，道理就在于此，这种"口惠而实不至"的感谢虽然缺乏"实质"上的意义，但听到的人心

里都会很愉快，因此，也就不会去刻意地妒嫉或者排挤你了。

【片言絮语】

　　对己获得的荣耀，不必过分显摆反复提起。不要独享荣耀，说穿了就是不要威胁到别人的现实地位和利益，不要侵占别人的生存空间。人性就是这么奇妙，如果你习惯独享荣耀，那么总有一天你会自讨苦吃，独吞苦果。

3.知足常足，知止常止

　　《老子》有曰："知足之足，常足矣。"俗话也常说"知足者常乐"。这是人们通常说服别人或说服自己，求得心理平衡的道理，这何尝又不是糊涂修身低调做人的原则之一呢？

　　知足常足，知止常止，懂得满足的人可谓是智者。古代圣贤范蠡、张良等人的功成身退，都为我们后人留下了启示和借鉴，如果一个人做事不能在紧要关头急流勇退，到头来难免像李斯一样发出"上蔡东门逐，狡兔岂得出"的哀鸣。

　　中国人在名利面前，历来提倡以"不贪为宝"、"知足常乐"的品德。春秋时宋国有贤人子罕，官至辅政，国中有人得了一块硕大而又明洁的美玉，于是赶快就去献给他，可是子罕不受。献玉者问他："你为何不要这块宝玉？这是件玉匠鉴定过的宝物，价值连城啊！"子罕听了回答说："我以不贪为宝，而你以玉为宝，我们俩应该

各安其宝，请你把玉拿回去吧!"在子罕看来，此玉不过是"刀刃之物"，有何可羡？持身不贪，满足自己值得拥有的东西才是最可宝贵的品德。

在我们的生活中，常会有这种"玉"，即使无人来献给你，它也会在那里温润晶莹地诱惑着你。有多少人受了这种灿烂的诱惑，步趋而去，结果把立世持身的"宝"给失去了。元代有一位著名的教育家叫许衡，一年夏天与众人行路，感觉非常的口渴。正巧路边有一片梨林，大家一哄而上，摘梨解渴，只有许衡站在那不动。人问他为何不吃，这梨树没有主人啊！许衡答曰："不是自己的东西，就不该乱拿，现在世道混乱梨树无主，但难道我的心也无主？"不贪就应该是我们的心中之主。

在中国的古代哲学思想中，道家思想是最机智、最富有辩证因素的一种。道家思想特别强调事物在一定条件下的互相对立与互相转化，如道家的创始人老子说："大道废，有仁义；智慧出，有大伪；六亲不和，有孝慈；国家昏乱，有忠臣。""持而盈之，不如其已。揣而锐之，不可长保。金玉满堂，莫之能守。富贵而骄，自遗其咎。"一国之君虽然是在万人之上，但若要稳居万人之上，必须先学会能安处万人之下；"江河所以能为百谷王者，以其善下之，是以能为百谷王。是以圣人之欲上民也，必以其言下之；其欲先民也，必以其身后之。"

一个人要求名求利，立功立德，必须首先要从不求名利做起，不能自视有德，假如处处表现自己的有德，唯恐失去自己的"善"名，那实则就已失去了德。同理，一个人要想得到什么，就应该先给予别人，帮助别人，使"既以为人已愈有，既以与人已愈多"。

老子在《道德经·三十三章》中说道："知人者智，自知者明；胜人者有力，自胜者强；知足者富，强行者有志；不失其所者久，死而不亡者寿。"它与"知足常足，终生不辱；知止常止，终身不耻"可谓有异曲同工之妙。一个人无论拥有多少财富，权势无论有

多高，如果不知满足，就永远生活在争权夺利之中，那种奔波忙碌的情形和穷人并无区别。

俗话说："人心不足蛇吞象。"它形象地表明了人的欲望永远不知满足的丑态。要想真正享受人生的乐趣，基本信条就是"知足常足，知止常止"。洪应明说的"谢事当谢于正盛之时，人肯当下休，便当下了，若要寻个歇处，则婚嫁虽完，事亦不少，僧道虽好，心亦不了"。可谓真知灼见。在对待名利、荣辱等问题上，人还是糊涂一点好。糊涂了，你就不会遭受耻辱。欲望的满足不是满足，而是一种自我放逐，欲望会带来更多更大的欲望。如果我们为欲望所左右，为欲望的不能满足而受煎熬，那么人生还有什么滋味？

"自足者常乐"，人生于世烦恼诸多：大则忧国忧民，感时忧愤；小则忧家忧己，往往都是忧多于喜，要说服别人或说服自己还就得这样想。人往高处走，水往低处流，谁不想生活、工作条件好些，精神安逸些？但是理想归理想，未必都能一一实现，在各种理想、愿望，甚至连小小的打算都未能成为现实的时候，你就要学会承认和接受现实，并且不消极、不失望，自己寻找心理平衡。

【片言絮语】

古语有"功高震主者身危，名满天下者不赏"，"弓满则折，月满则缺"，朱子也说："凡名利之地退一步便安稳，只管向前便危险。"这些都说明了"知足常足，终生不辱；知止常止，终身不耻"的道理。

4.抛弃怨恨的石头

人生短暂，事事斤斤计较、患得患失，活得也累。学会忘记怨恨就是潇洒智慧的人生。"处处绿杨堪系马，家家有路到长安"。宽厚待人，忘记怨恨，乃事业成功、家庭幸福美满之道。

古时候，有一个动不动就怨恨别人的年轻人，觉得生活很沉重活着非常没有意思，经人指点就去见了高僧觉慧大师，以寻求解脱之法。觉慧大师给他一个篓子背在肩上，指着一条沙砾路说："你每走一步就捡一块石头放进去，看看有什么感觉。"年轻人照高僧说的去做了，高僧便到路的另一头等他。过了一会儿，那人也走到了路的另一头，高僧问："有什么感觉。"年轻人说："越来越觉得沉重。"高僧说："这也就是你为什么感觉生活越来越沉重的道理。当我们来到这个世界上时，每人都背着一个空篓子，有的人每走一步都要从这世界上捡一样东西放进去，所以才有了越走越累的感觉。如果你想过得轻松些，你就要学会舍弃一些不必要的负担。而你的怨恨是你最大的负担，要想快乐，你必须学会忘记怨恨，抛弃怨恨的石头。"

一个人能够忘记怨恨，可以说他已经具备了一种博大的胸怀，它能包容人世间的喜怒哀乐；忘记怨恨其实也是做人的一种崇高境界，它能使人生跃上更高的台阶。

北宋名臣范仲淹，人们都知道他以"先天下之忧而忧，后天下之乐而乐"的胸襟而光耀史册，但人们也许不知道，他还是个善于忘记怨恨的人呢！在范仲淹任吏部员外郎的时候，宰相吕夷简执政，朝中的官员多出自他的门下。范仲淹上奏了一个《百官图》，按着次序指明哪些人是正常的提拔，哪些人是破格提拔；哪些人提拔是公，哪些人提拔是私。并建议：任免近臣，凡超越常规的，不应该完全交给宰相去处理。被吕夷简"指为狂肆，斥于外"，贬为饶州 (今江西上饶) 知州。

康定元年 （1040 年），西夏王李元昊率兵入侵，范仲淹被任命为陕西经略安抚副使，负责防御西夏军务。这时，仁宗下谕让范仲淹不要再纠缠和吕夷简过去不愉快的事。范仲淹"顿首"谢曰："臣向论蠹国家事，于夷简无憾也。"他的意思是，我过去议论的都是关于国家的大事，对夷简本人并没有什么怨恨。

吕夷简听说后，深感愧疚，连连说："范公胸襟，胜我百倍！"忘记仇恨就是忍耐。同事的批评、朋友的误解，过多的争辩和"反击"实不足取，唯有冷静、忍耐、谅解最重要。"退一步，海阔天空"说的就是这个道理。

从前有一个年轻商人兼政治活动家叫皮亚，他对于大企业家汉拿非常不满意，他甚至接连两天拒绝与汉拿见面。那时，汉拿就要成为世界闻名的大人物，要做美国的政治领袖了。但是在年轻的皮亚看来，汉拿只不过是个"坏蛋"、一个地方上的"党魁"罢了。他每次看见报上对汉拿的称颂，没有一次不摇头痛骂。

后来汉拿的朋友对汉拿说，最好还是和这位青年会晤一次，消释彼此的意见。在一个拥挤的旅馆客房里，汉拿被引到一个沉静的穿灰外套的青年面前，那人坐在椅中并不理会进来的人。待友人介绍："这位就是皮亚先生……"之后，汉拿就说了很多话。

出乎皮亚意料的是，汉拿一直在讲关于皮亚的事情，关于他父亲提任法官的事情，关于他伯父的事情，以及关于他自己对于政纲

的意见。汉拿说："哦，你是从奥马哈来的吗？令尊不是法官吗？……"年轻的皮亚不免吃惊了。汉拿又说"哦，你父亲曾有一次害得我的朋友在煤油生意上损失了许多钱呢! ……你伯父在哈斯顿吗？让我想一想……请对我说，你对于那政纲的意见怎样？"于是这位政治活动家皮亚说话了。当他说完的时候，他的喉咙觉得有些生涩。但是，皮亚的生命史已翻开了新的一页。不久，汉拿就得到了一个新的忠诚的朋友。

从此之后，8 年间，皮亚最大的兴趣，就是与这个曾经非常憎恨的人做朋友，并且忠心耿耿地为他服务。在生活中学会忘记仇恨，你便能明白以下道理：世界由矛盾组成，任何人或事情不会尽善尽美。无论是"患难之交"、"亲朋好友"，还是"金玉良缘"、"模范丈夫"，都是相对而言。他们的矛盾、苦恼常被掩饰在成功的光环下，而掩盖的工具恰恰是忘记仇恨。不必羡慕人家，不要苛求自己，常用宽容的眼光看世界，事业、家庭和友谊才能稳固和长久。

忘记怨恨就是快乐。人人都有痛苦，都有伤疤，经常去揭，会添新创，学会忘却，生活才有阳光，才有欢乐。如果没有忘却，人不会快乐，只会淹没在对过去的懊悔、痛苦和对未来的恐惧、忧虑与烦恼之中，人的大脑与神经会因不负重荷而错乱，心也会被人生必经的一切坎坷咬噬着，永远没有喘息的机会。如果没有忘却，人们可能会因为人与人之间的小摩擦而终生没有朋友、没有伴侣；如果没有忘却，那么我们除了在既没有多少记忆也不需要忘却的婴儿身上看到最天真的欢愉之外，我们不会看到任何一张洋溢着幸福的脸。

法国 19 世纪的文学大师雨果曾说过这样一句话："世界上最宽阔的是海洋，比海洋宽阔的是天空，比天空更宽阔的是人的胸怀。"人难得在滚滚红尘中走一遭，何必寻找那么多的烦恼呢？实际上，忘记怨恨还是爱他人、爱自己的一种方式。

【片言絮语】

　　如果拿着显微镜看待周围的人和事，在现实生活中是万万不可取的。人人都有不足，事事都有缺憾。但是瑕不掩瑜，只要我们忘记怨恨，不刻意追求完美，我们就会从中发现自己喜欢的东西，从而拥有丰富而美好的真实生活。

5.低处修心，高处成事

　　人生不如意之事十之八九，适时的忍让退步是堪当大任者的美德之一。每个人在通往成功的道路上，都会遇到许多的困难和挫折。每前进一步都要付出辛勤的劳动，忍受莫大的苦楚才能到达目的地。

　　忍让一直是中国人的传统美德，也是低调做人的法宝。有一次，高宗在巡幸途中，遇到一家好几百人同堂的大家族，大家生活在同一屋檐下，却没有任何风波，十分和睦地生活在一起，这在当时实在是少有。因此，高宗特地去拜访这个家庭，向他们请教家族和睦的秘诀。于是族长取纸和笔，连写了100多个"忍"字给高宗看，意思是讲，大家族和睦相处的秘诀除了"忍"以外别无他法。高宗看后深有同感，赐给该家族莫大褒赏。

　　天下有不如意事，不当忿激与争。曾任美国总统的林肯受辱骂

而不怒。有一次，林肯和儿子罗伯特驱车上街，遇到一列军队在街上通过。林肯随口问一位路人："这是什么？"林肯原想问是哪个州的兵团，但没有说清楚。那人竟以为他不认识军队，便粗鲁地回答："这是联邦的军队，你真是个他妈的大笨蛋。"林肯面对着一个普通路人对自己的斥责，只说了声"谢谢"，毫无怒容。林肯的低调忍让成就了他以后辉煌的事业。

清末名臣曾国藩在初办团练时，一日，绿营之兵与湘勇哄闹，至黑夜闯入曾国藩的行台。曾国藩亲自告知巡抚，巡抚不理，曾国藩只好第二日将兵营迁至城外，以避绿营乱兵。有人问其故，国藩叹曰："大难未已，吾人敢以私愤渎君父乎？"意思是说，大敌当前我怎能为个人利益而泄私愤呢？曾国藩这样总结其忍辱负重之术：好汉打脱牙和血吞。

曾国藩说："这句话是我生平咬牙立志的秘诀，自出道以来，无不遭受屈辱。我在庚戌、辛亥年间被京城的权贵们所唾骂，甲寅年间被长沙的权贵所唾骂，乙卯、丙辰年间又被江西人所唾骂，以后又在岳州、靖江、湖口三次打了败仗，都是打脱牙的时候，没有一次不是和着鲜血往肚里咽。"正是靠了这种低调忍让的做人哲学，曾国藩终于修成了人格上的魅力及道德上的正果。

人生在世不可能总是那么顺畅，人生不如意之事十之八九。的确，很多时候事事都不能顺我们的心意。想要生存在这个反复无常的世界里，最重要的还是要学习心字头上一把刀的糊涂学。放低自己能忍善让，从低处修心才能在高处成事。

曾国藩在检讨自己的缺点时，认为自己"忍"得不够，说自己有三大过错：平日不取信、不尊敬别人，相对傲慢太甚，这是一；平时一句话不对劲，就怨恨无礼，这是二；抵触分歧之后，别人容易恢复平静，他却反而悍然不近人情，这是三。有此三点，曾国藩更注重"忍"字战术，尤其注意自己的心态修养，时时为自己敲起警钟。

曾国藩这样做，是其平生深思熟虑的结果，历史上因不能忍辱负重反而骄傲而导致危险的事例太多了。唐朝时，唐太宗在庆善宫举行宴会，同州刺史尉迟敬德被邀请参加了。但他一看自己的上座有人，便很生气地质问说："你有什么功劳，竟坐在我的上首？"任城王李道宗席位安排在他的下首，就来劝解他。尉迟敬德不但不听，反而举拳头殴打李道宗，李道宗的眼睛几乎被打瞎。

唐太宗很不高兴地停止了宴会。他对尉迟敬德说："我本想和你共富贵，然而你做官后好几次犯法。我这才明白像韩信、彭越那样被剁成肉酱，并不一定是汉高祖刘邦的错呀！"尉迟敬德听到这种极其严厉的警告后害怕了，以后就学会了忍让。

由此可见，"忍"功是天下修养第一功。要做到不自满，就要从根本上解决"忍"的问题。曾国藩指出："知天之长而吾所历者短，则遇忧患横逆之来，当少以待其定；知地之大而吾所居者小，则遇荣利争夺之境，当退让以守其雌；知书籍之多而吾所见者寡，则不敢以一得自喜，而当思择善而约守之；知事变之多而吾所办者少，则不敢以功名自矜，而当思举贤而共图之。夫如是，则自私自满之见可渐渐消除矣。"

【片言絮语】

低调是一种境界，忍让是一门人生的学问。在纷繁的生活中，能够忍让是可贵的，忍让并不意味着退却不前或懦弱可欺，并不是面对误解、委屈，甚至诽谤而无动于衷。忍让，顾全的是大局，着眼的是未来。

6.退一步才能进十步

　　跳远运动员蹲下，是为了更高更远地跳起；拳击运动员把拳头缩回去，是为了更有力地出击。低调做人也应该明白这个道理，有时候退一步，是为达到前进十步的目的。一时的退让，只是为了获得更大利益做的铺垫和准备。

　　春秋时期，晋文公重耳因为遭受陷害，被迫离开晋国逃亡。在逃亡过程中，晋文公受到楚成王的厚待，当时他就承诺说：要是他当了国君，希望晋楚两国永远和好，但是万一两国开战的话，他一定会命令晋国军队退避三舍（一舍为三十里)，来报答楚国的恩情。当时，楚成王笑了笑，并未当真。

　　后来，晋文公在秦国的帮助下，回国即位。公元前 634 年，楚国借口宋国投靠晋国为名，派成得臣率兵攻宋，宋国派人向晋国求救。晋国于是决定派兵攻打楚国的盟国曹、卫，这样，晋楚两国直接对上了。

　　这时晋军的力量虽稍弱于楚军，且又远离本国作战，但已占领曹、卫两国作为前进的基地，况且齐、秦已与他结成联盟，从而也很有实力。当晋、楚两军直接相对，正要开战时，狐偃对晋文公说："当初您在楚国为客时，曾对楚王说，万一交战，晋军一定退避三舍。现在可不能失信啊。"晋文公听了不语，身边的部将都纷纷反对。狐偃又说："成得臣虽猖狂，但楚王的恩情我们不能忘。我们

退避三舍正是对楚王表示谢意，并非怕成得臣啊。"大家听狐偃讲得有道理，就同意了。

楚军见晋退兵，以为晋军害怕了，就在后面追。晋军将士奉命撤退，见楚军这样气盛、猖狂，不由得暗下决心，一定要打败楚军。晋军一退就是九十里，待扎下营来，成得臣派人送的战书也就到了。第二天两军对垒，都想借此一仗置对方于死地。交战开始，晋军主帅先辛左派三军中的下军去攻由陈、蔡联军组成的楚军中的右军。这是一个薄弱环节，晋军一个冲锋就将陈蔡联军击溃了。接着先轮又命上军主将狐毛假充晋军主帅，迷惑对方。楚左军主将斗宜申看见晋军主帅旗，即指挥兵士冲杀过来，狐毛抵挡几下假意败逃，斗宜申不知是计，紧紧追赶。眼看就要追上，忽听一阵鼓声，晋军主帅先辂率领精锐部队拦腰杀出，狐毛也率队反击，两边夹击，楚军顿时慌乱。成得臣见势不好，急令收兵，才避免全军覆没。

实际上，晋军的"退避三舍"，是晋文公图谋战胜楚军的重要方略。晋军"退避三舍"后，退到了卫国的城濮，这里距离晋国比较近，后勤补给、供应方便，又便于齐、秦、宋等各国军队会合。在客观上，"退避三舍"也能起到麻痹楚军、争取舆论同情、诱敌深入、激发晋军士气等多重作用，将晋军的不利因素变为了有利因素，为夺取决战胜利奠定了基础。这样，表面上的退却，赢得了最终的胜利。

战国时候，有一次赵王派了孔青带领大军救援禀丘。孔青是员猛将，加上足智多谋的宁越辅佐，所以赵军一战大败齐军，击毙了齐军统帅，并俘获战车两千辆。战场上留下了三万具齐军尸体，孔青决定把这些尸体分别堆成两个大高丘，以此彰明赵国的武功。

宁越劝阻道："这样做太可惜了，那些尸体可以另有用处。我看不如把尸体还给齐国人。这样做可以从内部打击齐国，从而让齐军不再进犯！"死人又不可能复活，怎么能从内部打击齐国呢？孔青想不通了。宁越说："战车铠甲在战争中丧失殆尽，府库里的钱财

在安葬战死者时用光了，这就叫做从内部打击他们。我听说，古代善于用兵的人，该坚守时就坚守，该进退时就进退。我军不如后退三十里，给齐国人一个收尸的机会。"

孔青大致明白了宁越的用意，但转念一想，又说："但是，齐国人如果不来收尸的话，那又该怎么办呢?""那就更好了，"宁越胸有成竹地说，"作战不能取胜，这是他们的第一条罪状；率领士兵出国作战而不能使之归来，这是他们的第二条罪状；给他们尸体却不收取，这是他们的第三条罪状。老百姓将会因为这三条而怨恨齐国的高官将领。居于高位的人也就无法役使下面的人，而下面的人又不愿侍奉居于上位的人，这就叫做双重打击齐国!""好，还是您计高一筹啊!"孔青终于完全理解了宁越的良苦用心。

果然不出宁越所料，齐国因此而元气大伤，很长一段时间不能对外用兵。

【片言絮语】

　　晋文公的"退避三舍"和宁越的主张，看起来好像并不是那么咄咄逼人，相反，似乎还有点软弱，在向对手让步。殊不知，这"让步"里面却大有文章，表面上的退步其实是为换取更大的进步和胜利。有进有退，能屈能伸，这是一个人成功的必要条件。

7.要想有所得，必先有所失

世间自有公道，付出才有回报。人生欲有所取先要有所付出，在这个过程中吃些"亏"就在所难免。适当的时候自己吃些亏，却可以使你的朋友、同事、上级受益满足，他们就会记得你的"好"。"得道多助"，那么你就会比旁人得到更多的人缘和成功的机会。

生活在东汉前期的甄宇，祖籍为山东省安丘县。他从小就特别喜欢读书，对于儒家的经典无所不读。随着年龄渐长以后，就专门研究孔子编著的《春秋》，在学问上有独到的见解，在思想上完全尊奉孔子，在行动上也遵照儒家提倡的道德去做，因而他的名声在乡里很好，口碑颇佳。

光武帝刘秀建武年间，朝廷听说甄宇很有学问，又待人宽厚，就把他征召到京城洛阳，任命他为博士。博士是教授官，在当时最高学府太学里任职，为太学生讲授儒家经典。古时候，每年农历十二月初八为腊日节，是祭祀百神的日子。每至腊日，光武帝刘秀都要向太学颁诏，表示慰问，并赏赐每个博士一只羊，以资鼓励。

有一年，又到了腊日节，光武帝派大臣到太学里去慰问。大臣宣读诏书说：博士们讲学兢兢业业，焚膏继晷，十分辛苦。现在每位博士赐羊一只，带回家中，与家人团聚，欢度节日。诏书宣读完

毕，博士们叩头谢过圣恩。随后使臣命随从把羊群赶进了太学院中，点过数目，交给太学的长官祭酒，祭酒和博士们高兴地送走了使臣。

等到祭酒回到院中，细一打量羊群，心中就犯了难。羊正好是14只，博士也正好是14位，一人一只，有什么为难的呢？原来这些羊有大有小，肥瘦不一，可怎么往下分发呢？分到肥羊的，当然会高兴，而分到瘦羊的，难免会说分配不公，待人有亲有疏。他想来想去，也没有想出个万全的办法来。

最后，只好把博士们都召集来，让大家商量，想一个众人都满意的方法。有一个博士说："羊本来就有肥有瘦，如果每人领一只，怎么也不会平均。依我看，不如把羊全都宰了，大家分肉，每人一份，肥瘦搭配，就不存在不合理的事了。"对这个主意，有的人赞同，但多数人不同意，认为大过节的，这些血淋淋的肉不好往家拿。

这个时候，又有一个人出了个主意，他说："还是用投钩（类似抓阄）的办法好，谁摊上什么样的就领什么样的，大小肥瘦全凭运气，也就不会有怨言。"在众人七嘴八舌争论的时候，甄宇静静地站在一旁，他想杀羊分肉，投钩取羊，都有损博士的声誉，会让世人耻笑的。于是对祭酒和众位博士高声说道："还是一人领一只吧。让我先牵第一只。"说着就走向了羊群。

对于甄宇的话，大家正在怀疑观望之中，只见他在羊群中选来选去，最后挑了一只最瘦小的。大家看到这种情形，就没人再争执了，都你谦我让，争着挑选小的、瘦的绵羊。

京城里的人都赞扬甄宇，管他叫"瘦羊博士"。这件事情很快传到皇宫，皇帝也听说了这事很是高兴，于是就下诏书给以褒奖，再后来还大大地提拔了甄宇，并委以重任。

甄宇识大局地去选择了别人不愿吃的"亏"，但是结果呢？他却得到了别人得不到的东西。

俗话说"傻人有傻福"就是这个道理。因为那些会吃亏的人，总是心地单纯无私，从不计较个人利益得失，总是任劳任怨，因此

得到的回报相对就多些。下面的故事也证明了这个道理。

　　汤姆从小学到高中，一直是很听话的学生，深得老师的喜爱，因此也常常被指派做各种工作，像什么做各科负责人、抄黑板、改考卷，甚至给上课的老师倒茶、取教具等等，都是他分内的事。这些在别的同学以为是"吃亏"的行为里，汤姆不但不感觉到什么苦，甚至还很愿意做，因为他觉得能被老师看重是非常光荣的事。就这样，勤劳的汤姆一直读到了大学，虽然年龄增长了，但任劳任怨"吃亏"的性格还是没变。

　　由于汤姆的家在乡下，为了有很多的时间学习，他选择了住在学生宿舍。碰巧宿舍紧挨着实验大楼，因此，和实验有关的一切又使命似的落到他的肩上，他经常被助教叫去帮些什么忙之类的。这下可好，原来的计划没有实现，反倒给自己揽了新任务，不过汤姆不后悔，他总是随叫随到。

　　这不，实验室新近养了几只小白鼠，汤姆理所当然也成为一群试验用小白鼠的"保姆"了！他每天不但要为那些鼠子鼠孙换水装饲料，最受不了的，还得给它们换尿布。那股骚臭味简直令人作呕。这时的汤姆已不再是任劳任怨的小孩子了，有时候他也产生心不甘情不愿的唠叨，但唠叨归唠叨，一想到这是自己的职责，哪怕就是算抱着吃亏的劲头也要继续做下去。

　　时间如流水般地滑过。汤姆对小白鼠一照顾就是四年，转眼间，汤姆就要大学毕业，该考虑参加工作的事情了。那年正值美国经济萧条期，主修食化分析的汤姆，眼睁睁地看着一家又一家的食品工厂倒闭，当时真是怨叹到了极点。许多同学为了找不到工作而哀声叹气、愁眉苦脸，这也终于让汤姆死了心，决定打道回府回乡下农场当园丁了。就在这时，那些平日喜欢找汤姆帮忙的教授们，纷纷提出工作机会让汤姆挑选，那一瞬间汤姆感到无比地高兴，这时候他才恍然大悟，他终于明白了以前的工作没白干，亏没有白吃，他无怨无悔的付出终于得到了回报。

【片言絮语】

　　"有所失才能有所得"。为人处世，只有不怕吃亏，敢于吃亏，宁可自己吃点亏去照顾大家情面或者帮助别人一把，才能与人和谐相处，并赢取别人的信任，使自己处处受欢迎，这样才会在人生更多的对弈过程中，加大胜出的砝码。

8. 适时而止，适可而止

　　不懂得适可而止，一味的贪婪是一种顽疾，人们极易成为它的奴隶，变得不可自拔。人的欲念无止境，当得到不少时，仍指望得到更多。一个贪求厚利、永不知足的人，最终祸害将会是自己。

　　在中国历史人物中，三国时期曹操当数枭雄之一。他之所以能力挫群雄统一北方，这与他卓越的政治、军事才能分不开。在历史上，他被誉为："治世的能臣，乱世的奸雄。"鲁迅先生对之也有较为客观、公正的评价："说到曹操，人们立刻会想到《三国演义》，而且他长期扮演奸恶的角色，舞台上也常被当作奸臣的象征，然而这并不是观察曹操的正确方法……曹操确实是非常有能力的人物，至少是个英雄。"鲁迅先生尚给予如此高的评价，那么足见曹操身上自有其闪光和杰出的地方。

那么我们要向他学习哪些优点呢？大致地归纳一下，如下几点或许可以代表他的实绩：一是任人唯贤、知仁善任；二是擅长战略战术，并能以身作则、身先士卒；三是极富有决断力。前两者不独为曹操所拥有，至于第三点，曹操做得的确很出色。每逢起兵打仗，或周旋于政治舞台，他一看形势不对，就决不勉强、硬撑，而是见风使舵、及时避险。换言之，他懂得"适时而止，适可而止"。

有一次，他挥师进攻被蜀汉军占领的汉中，初战告捷后，正在思考下一步部署，此时大将司马懿进言道："应立即加紧进攻，乘胜追击，否则，就会延误歼灭刘备的时机。"司马懿的意思乘势扩大战果，将大军推进到蜀地，消灭刘备蜀汉政权。然而曹操却说："人最苦于不足，既已得陇，何须再贪蜀焉？"（《晋书》）他的这句话是说：不要冒险攻蜀了，应见好就收吧。适时而止，不仅是一种战略，更是低调做人的智慧。

数年后，刘备又攻入汉中，来势汹汹。这次曹操又亲自领兵来战。刘备采取"以逸待劳"、"釜底抽薪"战术，切断了曹军的粮草补给线。精于战略战术的曹操对此深感不安，他深知劳师远征、粮草不济必然陷于苦战，战则不利，因而有退兵之意。一天晚上，巡夜官前来听取当晚的口令，他的目光突然落到碗里的鸡肋上，信口说了声："鸡肋。"诸将不解其意，还以为是口令呢。

当军中开始流传的这句口令传到书记官杨修的耳朵里时，他立刻察觉到曹操的心思，他便悄悄吩咐士兵们收拾行装，准备撤兵，有人问杨修何以知之，杨说："鸡肋，食之无味，弃之可惜。而汉中犹如鸡肋，居之无益，不若弃之，是以知之。"后来曹操虽以蛊惑军心杀杨治罪，但退兵还是照常进行了。此度虽劳而无功，却也保全了曹军元气。

曹操遇事"适时而止，适可而止"，所以，得以维持住了政治军事的优势，最终奠定了曹魏的基础。但其子孙们后来不"知止"，才

导致了司马氏的篡权。可见，人贵"知止"。

【片言絮语】

贪婪是一切罪恶之源。贪婪能令人忘却一切，甚至自己的人格。贪婪令人丧失理智，做出愚昧不堪的行为。因此，我们真正应当采取的态度是：远离贪婪，适可而止，知足者常乐。

9.吃亏不是软弱的表现，而是对低调的诠释

"吃亏"从某一方面上讲，可以理解为双方或多方在某种条件下一方的让步或者是妥协。这种让步或者妥协，只是暂时性的对自己的利益的放弃，这不是软弱无能的表现，而恰恰是对策略和智慧更准确的诠释。

在我们的生活中，经常可以发现有一些人与别人的关系总是处理不好，这是因为他们过于计较自己的利益，总是去追求种种的"实惠"而吃不了一点小亏，时间长了难免引起同事、朋友们的反感，无法得到大家的尊重。而且他们总在有意或无意之中伤害了同事和朋友，最终使自己变得孤立无援陷入尴尬境地。

其实，那些过于追求的所谓的"实惠"未必能带给我们多少好处，反而弄得自己身心疲惫，并失去了良好的人际关系，可谓是得不偿失。如果对那些细小的，不大影响自己前程的好处，多一些谦

让，比如单位里分东西不够时少分些，一些荣誉称号多让给即将退休的老同事，再比如与其他人共同分享一笔奖金或是一项殊荣等等。这种豁达的处世态度无疑会赢得人们的好感，也会增添你的人格魅力，会带来更多的"回报"，俗语所说的"吃小亏占大便宜"，从一定程度上阐述了这个道理。

"吃亏"从谋略上来说，是"缓兵之计"。它可以避免时间、精力等宝贵资源的继续投入。在胜利不可得，而资源消耗殆尽日渐成为可能时，暂时的"吃亏"可以立即停止消耗，使自己有喘息、整补的机会，也可以借这个让步妥协的和平时期，来扭转对你不利的劣势。

最为之重要的是，暂时的妥协吃亏也可以维持自己最起码的现状条件。"吃亏"常有附带条件，如果你是弱者，并且主动提出妥协，那么可能要付出相当的代价，但却换得了机会，否则就没有明天，没有未来。"留有青山在，不怕没柴烧"，手中现有的一切是发生转机的根本。

"吃亏"有时候会被认为是屈服、软弱的投降举动，但若从上面所提的来看，"吃亏"其实是非常务实、通权达变的大智慧。凡是人际交往中的智者，都懂得在恰当时机接受别人的妥协，或向别人提出妥协，毕竟人要生存，靠的是理性，而不是意气。

汉朝的开国之君刘邦死后，吕后掌权，封吕氏子弟为王为侯，独揽朝廷大权，要强夺少主的皇位，危及刘氏天下。陈平身为右丞相，对王室的政变忧心忡忡，可是又无能为力，又怕殃及自身，便长时间深居简出，心情苦闷。

陈平的挚交陆贾这天来到府上请安，陈平仍在忧愁之中。陆贾说："你官为上相，享受三万户侯的待遇，算是富贵到顶了。你只不过是担心吕后和少主吧？"陈平说："正是，有何良策对付吕后呢？"

陆贾说："要天下安定，就看丞相的本事；要救天下危难，就

看将军的能耐。国家安危，主要掌握在将相手中。我想找个机会与周勃谈谈，可他总是和我开玩笑，不理解我的苦衷。你为什么不和太尉周勃来往密切点儿呢？"接着，陆贾为陈平献了几条对策应付吕后。陈平按照陆贾的建议，送给周勃五百金以祝寿，还送去了大量的歌舞乐队和寿酒，周也如此还报。这样将相深交，达成默契。

宰相玉陵坚决反对吕后给几个吕姓子弟封王这件事情，因为这违背了刘邦订立的"非刘姓不得封王"的"白马之盟"，而陈平和周勃却不置可否，后来，王陵指责他们不据理力争。陈平说："据理力争，我们不如你；可是保卫刘氏天下，你不如我们。"果然，王陵因激怒吕后而被迫告老还乡，而陈平等人暂时的忍让和妥协，看似吃了些亏，但韬光养晦等待时机，最后终于一举奸灭了吕家势力，保卫了刘氏天下。

美国一代伟人富兰克林·罗斯福总统的夫人埃莉诺·罗斯福，可称为是一个顾全大局、虚怀若谷、懂得"吃亏"的女人。

当时，罗斯福总统有个女性密友叫露西，原来是帮助埃莉诺进行社会活动的秘书。她和罗斯福有着亲密的来往。埃莉诺虽然早已了解这种情况，但顾及总统的权威和国家的形象利益，深埋了内心的痛苦。后来，当罗斯福在佐治亚州温泉弥留之际，埃莉诺正在华盛顿参加一个妇女集会，露西却陪伴着总统，并且已有多天。

因怕与总统夫人碰面，在总统停止呼吸后，她就匆匆离去。埃莉诺乘专机赶赴佐治亚温泉，来见丈夫的遗体，失声痛哭。当了解到露西曾在此呆了几天，就上前同女儿安娜吵了起来，为的是自己不在家时，女儿临时担任女主人，她却遵照父亲的旨意接待了露西。不过也只是片刻的冲动，埃莉诺很快又冷静下来，她擦干眼泪，到楼下向丈夫的遗体作最后的告别，并给四个在前线服役的儿子拍去了电报，要他们尽守职责，无须奔丧。

埃莉诺在电报中嘱咐道："亲爱的孩子，你们的父亲下午长眠。

他鞠躬尽瘁，守职至终，希望你们尽责守职到底。"埃莉诺作为一个女人，为了国家的荣誉，能忍受如此难以忍受的屈辱，能吃下如此之亏，甚是可贵。每次当人们说起伟大的罗斯福时，自然也想到了他的妻子埃莉诺·罗斯福。

但是，"吃亏"也要看情况。首先，要看你的大目标何在，也就是说，你不必把资源浪费在无益的争斗上。能吃的亏就去吃，不能吃的亏，放弃战斗也无不可。但若你争取的本来就是大目标，是不能放弃的，那么绝不可轻易地去吃那个亏。

【片言絮语】

什么事情都是相互的，也是有两面性的。从反面讲，如果不接受他人的"亏"，要看"吃亏"的条件，不必"得理不饶人"，把对方弄得无路可退，这不是为了道德正义，而是为了避免"逼虎伤人"，是有利害考虑的。总之，"吃亏"可改变现状，转危为安，是战术，也是战略。

10.惹不起躲得起，降低姿态进行自我保护

生活在世上，每个人的活法各不相同。面对同一个客观环境和自然条件，为什么有的人活得压抑艰辛，有的人活得愉快轻松呢？聪明人都懂得克己用"忍"，审时度势，善于把握事态使之朝着有利于自己的方向发展，实在不行就"走为上计"。

人生在世，难免要与周围环境发生冲突，当环境于己不利，处于彼众我寡，彼强我弱，胜负之较，不得多言的恶劣形势之时，必须郑重考虑：是转变态度与环境妥协还是硬碰硬情愿吃苦？

若是做硬汉，就要做得彻底，不要后悔，但弱势的人往往不具备做硬汉的基本条件，硬撑就会变成冥顽不灵、憨劲十足的蛮牛！摆在弱势的人面前的路除了与环境硬拼以外，还有控制环境、利用环境、服从环境、逃避环境多种选择。但上上之选是逃避环境，因为弱势的人根本没有足够的资本硬拼，拖也不是办法，那点儿本钱也耗不起，倒不如现实一点，争取"惹不起躲得起"，"三十六计走为上"的策略，或许日后还会出现转机东山再起。

"躲"和"走"字义虽有不同，但在趋利避害方面都有着异曲同工之妙，都是迫不得已时用逃跑来规避风险的计策。走者跑也，有被动主动之分，被动是迫于无奈，主动是缺乏信心。被迫逃亡，并非怯懦表现；主动退去，也非英雄末路。这里所指的走，是因环境

处于不利形势，设法转往别地另起炉灶，谋东山再起之意。

清代中兴名臣曾国藩是位精通保身之道的明眼人。攻下金陵之后，曾氏兄弟的声望可说是如日中天，达于极盛，曾国藩被封为一等侯爵，世袭罔替，所有湘军大小将领及有功人员，莫不论功封赏。时湘军人物官居督抚位子的便有十人，长江流域的水师，全在湘军将领控制之下，曾国藩所保奏的人物，无不如奏所授。

但树大招风，朝廷的猜忌与朝臣的妒忌随之而来。曾国藩说："长江三千里，几无一船不张鄙人之旗帜，外间疑敝处兵权过重，权力过大，盖谓四省厘金，络绎输送，各处兵将，一呼百诺，其相疑者良非无因。"颇有心计的曾国藩应对从容，不等朝廷的防范措施下来，就先来了一个自我裁军。正所谓好汉不吃眼前亏，曾国藩意识到鸡蛋是不能与石头碰的，既然不能碰，就必须改变思路，以求自保。

曾国藩的计谋手法，自是超人一等。他在战事尚未结束之际，即计划裁撤湘军。他在两江总督任内，便已拼命筹钱，两年之间，已筹到 550 万两白银。钱筹好了，办法拟好了，战事一结束，即宣告裁兵，不要朝廷一文，裁兵费早已筹妥。

同治三年六月湘军攻下南京，取得胜利，七月初曾国藩即开始裁兵，一月之间，首先裁去 2.5 万人，随后亦略有裁遣。人说招兵容易裁兵难，以曾国藩看来，因为事事有计划、有准备，也就变成招兵容易裁兵更容易了。

曾国藩熟知老子的哲学，他对清朝政治形势有明确的把握，对自己的仕途也有一套实用的哲学理念。他在给其弟的一封信中表露说："余家目下鼎盛之际，沅（曾国荃字祝辅）所统近二万人，季（指曾贞干）所统四五千人，近世似弟者，曾有几家？日中则昃，月盈则亏。吾家盈时矣。管子云，斗角斗满则人概之，人满则天概之。余谓天之概无形，仍假手天人以概之。待他人之来概，而后悔之，则已晚矣。"

正是由于曾国藩明白以己之力不足与朝廷相抗衡，唯有自己主动裁军，方能消除清政府对他的猜疑，不致于最终吃亏而丢官甚至送性命。曾国藩的做法正是"好汉不吃眼前亏，打不过走为上"的做人智慧的体现。

无论哪一种战斗，不管是文是武，谁都没有常胜的把握，在战斗过程中的小胜小败，瞬息万变，不机警不能应付，不变通无以达权，最后胜利属于坚持到最后 5 分钟的人。所以，不躲、不走并非英雄，躲和走也并非懦夫。

中国人的"跑劲"是世界闻名的，从前是这样，现在是这样，将来恐怕还是这样。历史上的公主蒙尘，王孙落难，已司空见惯；老百姓东逃西奔地生活，更是与生俱来。年荒则跑诸四方，世乱则铤而走险，官来奔走骇汗，兵到亡魂丧胆，贼至狼奔东突。俗语有说："贼来如筐，兵来如梳，官来如剃。"试问在这三重威力之下，没有一套跑的本领怎行？

由此也可见，三十六计中为什么"走为上计"的原因了。有这么一句经验之谈："应走不走，反受掣肘；当断不断，反受其乱。"这是说在事态严重时，该走而不走，应当机立断而不决的人，必会招致更大的麻烦与危险。

在激烈的战斗中，谁都想摧毁敌人，或"擒贼擒王"地把敌方首领置于控制之下，或伤害，或软禁，虽不置于死地，也折磨个半死，或改造成一个软性动物。在这种情况之下，意志薄弱的自不必说，刚勇的必想办法逃脱。因此，有化装潜逃的，有借故远走的，有夺关斩将而逃的。从这里来看，"走"这一计，并不是懦弱的所为，"走"得越多越危险的，往往成就的事业越大，这就是多难兴邦的意思。当"走"的经验积累得愈多，应付逆境就愈容易。问题在于能跑得脱，而不是"逃跑不成身先死"。

"躲"和"走"的好处既是这样，"不躲""不走"的坏处又怎样呢？例子也不少。如：文种不听范蠡劝告，贪恋禄位，终被勾践

赐死；韩信功成不退，遭未央宫之祸。大抵在富贵场中，善终的都属急流勇退，提得起、放得下胸怀广阔的人；该躲而不躲，赖死而不走的全是贪婪之辈，他们舍不得地位享受，甚至刀锯加颈还自我吹嘘，最终落得惨败的结局。

【片言絮语】

强与弱，永远都是相对的概念，盈则亏，满则损。在形势对自己不利的时候，好汉不吃眼前亏，"三十六计，走为上计"，低姿态是最佳的自我保护之道，也是解决问题的最好方法。

11.适可而止莫贪婪

低调做人切忌贪婪，因为人贪婪常常会犯傻，什么蠢事也会干出来。所以任何时候都要有自己的主见和辨别是非的能力，不要被假现象所迷惑。适可而止才是做人的大智慧。

法国人从莫斯科撤走后，一位农夫和一位商人在街上寻找财物。他们发现了一大堆未被烧焦的羊毛，两个人就各分了一半捆在自己的背上。

归途中，他们又发现了一些布匹，农夫将身上沉重的羊毛扔掉，选些自己扛得动的较好的布匹；贪婪的商人将农夫所丢下的羊毛和剩余的布匹统统捡起来，重负让他气喘吁吁、行动缓慢。

走了不远，他们又发现了一些银质的餐具，农夫将布匹扔掉，捡了些较好的银器背上，商人却因沉重的羊毛和布匹压得他无法弯腰而作罢。

突降大雨，饥寒交迫的商人身上的羊毛和布匹被雨水淋湿了，他踉跄着摔倒在泥泞当中；而农夫却一身轻松地回家了。他变卖了银餐具，生活富足起来。

大千世界，万种诱惑，什么都想要，会累死你，该放就放，你会轻松快乐一生。

贪婪的人往往很容易被事物的表面现象迷惑，甚至难以自拔，事过境迁，后悔晚矣！

一次，一个猎人捕获了一只能说70种语言的鸟。

"放了我，"这只鸟说，"我将给你三条忠告。"

"先告诉我，"猎人回答道，"我发誓我会放了你。"

"第一条忠告是，"鸟说道，"做事后不要懊悔。"

"第二条忠告是：如果有人告诉你一件事，你自己认为是不可能的就别相信。"

"第三条忠告是：当你爬不上去时，别费力去爬。"

然后鸟对猎人说："该放我走了吧。"猎人依言将鸟放了。

这只鸟飞起后落在一棵大树上，又向猎人大声喊道："你真愚蠢。你放了我，但你并不知道在我的嘴中有一颗价值连城的大珍珠。正是这颗珍珠使我这样聪明。"

这个猎人很想再捕获这只放飞的鸟。他跑到树跟前并开始爬树。但是当他爬到一半的时候，他掉了下来并摔断了双腿。

鸟嘲笑他并向他喊道："笨蛋！我刚才告诉你的忠告你全忘记了？我告诉你一旦做了一件事情就别后悔，而你却后悔放了我。我告诉你如果有人对你讲你认为是不可能的事，就别相信，而你却相信像我这样一只小鸟的嘴中会有一颗很大的珍珠。我告诉你如果你爬不上去，就别强迫自己去爬，而你却追赶我并试图爬上这棵大树，

结果掉下去摔断了双腿。这个箴言说的就是你：'对聪明人来说，一次教训比蠢人受一百次鞭挞还深刻。'"

说完，鸟飞走了。

还有这样一个经典的故事：

有一个小孩，大家都说他傻，因为如果有人同时给他5毛和1元的硬币，他总是选择5毛的，而不要1元的。有个人不相信，就拿出两个硬币，一个1元，一个5毛，叫那个小孩任选其中一个，结果那个小孩真的挑了5毛的硬币。那个人觉得非常奇怪，便问那个孩子："难道你不会分辨硬币的币值吗？"

孩子小声说："如果我选择了1元钱，下次你就不会跟我玩儿这种游戏了！"

这就是那个小孩的聪明之处。

的确，如果他选择了1元钱，就没有人愿意继续跟他玩儿下去了，而他得到的，也只有1元钱！但他拿5毛钱，把自己装成傻子，于是傻子当得越久，他就拿得越多，最终他得到的将是1元钱的若干倍！

因此，在现实生活中，我们不妨向那"傻小孩"看齐——不要1元钱，而取5毛钱！

而更多的人在社会上，却常有一种不拿白不拿，不吃白不吃的贪婪！殊不知你的贪不仅损害了他人的利益，还会使他人对你的贪反感。或许他人可以容忍你的行为，不在乎你的贪，但如果你懂得适可而止，他会对你有更好的印象与评价，因此愿意延续和你的关系。

可叹的是，现代社会充斥着下列现象：人际关系一次用完，做生意一次赚足！以为自己这样做是聪明，殊不知这都是在断自己的路！我不希望你有这种聪明，而希望你能一直拥有那个小孩一样的"傻"，因为这会让你得到更多回报。

10个5毛钱多，还是一个1块钱多？你自己算算吧！

欲望的永不满足不停地诱惑着人们追求物欲的最高享受，然而过度地追逐利益往往会使人迷失生活的方向，因此，凡事适可而止，

才能把握好自己的人生方向。

几个人在岸边垂钓，旁边几名游客在欣赏海景。只见一名垂钓者竿子一扬，钓上了一条大鱼，足有一尺多长，落在岸上后，仍腾跳不止。可是钓者却用脚踩着大鱼，解下鱼嘴内的钓钩，顺手将鱼丢进海里。

围观的人发出一片惊呼，这么大的鱼还不能令他满意，可见垂钓者雄心之大。

就在众人屏息以待之际，钓者鱼竿又是一扬，这次钓上的还是一条一尺长的鱼，钓者仍是不看一眼，顺手扔进海里。

第三次，钓者的钓竿再次扬起，只见钓线末端钩着一条不过几寸长的小鱼。众人以为这条鱼也肯定会被放回，不料钓者却将鱼解下，小心地放回自己的鱼篓中。

众人百思不得其解，就问钓者为何舍大而取小。

钓者回答说："哦，因为我家里最大的盘子只不过有一尺长，太大的鱼钓回去，盘子也装不下。"

在经济发达的今天，像钓鱼者这样舍大取小的人是越来越少，反而是舍小取大的人越来越多。

俗话说，贪心图发财，短命多祸灾。心地善良、胸襟开阔等良好的品性，才是健康长寿之本。贪图小便宜，终究是要吃大亏的。

【片言絮语】

贪婪是一种顽疾，人们极易成为它的奴隶，变得越来越贪婪。人的欲念无止境，当得到不少时，仍指望得到更多。一个贪求厚利、永不知足的人，等于是在愚弄自己。贪婪是一切罪恶之源，贪婪能令人忘却一切，甚至自己的人格。贪婪令人丧失理智，做出愚昧不堪的行为。因此，我们真正应当采取的态度是：远离贪婪，适可而止，知足者常乐。

第四章
傲气不能有，收起你的优越感

　　一切真正伟大的东西，都是淳朴而谦逊的。世上凡是有真才实学者，无一不是谦虚谨慎之人。那些盛气凌人、傲慢自负、自我感觉良好的人，也许某一方面的确高人一等，优人一招，但往往都是故弄玄虚，最终只能落得遭人唾弃的下场。切记：傲气十足只能给人半瓶子醋的感觉，只会妨碍自己的前程。

DiDiaoZuoRen
BuChiKui

1. 适度"贬损"自己拔高他人

现实生活中，为防止别人以你为敌，你就必须处处谨慎，不可处处太张扬，要适时地"贬低"自己以迷惑对手，让对手对自己"放心"、对自己不设防，以免你将来受制于人或被其算计。

公元前 194 年，淮南王黥布反叛，汉高祖刘邦亲自率军征讨他，中间多次派人回来询问萧何相国在干什么。萧相国因为皇帝带兵外出，就安抚勉励百姓，拿出自己全部家产捐助军费，如同讨伐陈稀叛乱时一样。

萧何有一位门客对他说："大人，我看你离灭族的大祸不会很远了。"萧何一听，忙问怎么回事，让他把话说清楚点儿。门客说："大人位居相国，功劳第一，功名已经无以复加了。自从大人当初进入关中，就深得民心，至今十几年了，老百姓都亲附您，然而您还在孜孜不倦地办事而得到民众爱戴。皇上之所以屡次询问大人的情况，就是害怕您摇撼关中啊！如今大人何不多买些田地，低价出租以玷污自己的声誉？只有这样，皇上才会安心啊。"肃何感觉事情的严重性，就依从下属的建议买下很多的田地。有官员向刘邦打小报告，反映萧何在关中为自己低价买地的事，刘邦听了，心中不但不怒，还大为高兴。

自古"伴君如伴虎"，秦朝的大将军王翦也颇谙让领导放心

之道。

公元前 225 年的一天，秦国大将王翦率领 60 万大军，即将踏上伐楚的征程。秦王嬴政亲自送行。王翦临行的时候，请求秦始皇赐给他很多良田、房屋、园林。秦始皇听完后哈哈大笑说："将军启程吧，你还担心日后贫穷吗?"王翦说："当大王的将领，即使有功劳，到底也难得封侯，趁着现在大王还瞧得起我，所以想借这个机会请求大王赐给园林作为子孙的产业罢了。"秦始皇大笑应允了。

到了函谷关，王翦又接连五次派使者向朝廷索求赐给良田。有人就说："将军这样请求赏赐，也太过分了吧。"王翦意味深长地说："你不懂。秦王生性粗暴，不相信人。现在我带着 60 万大军，这可几乎是秦国的大半兵力了啊。我不赶紧请求赐给田地住宅给子孙留作产业，以表明自己的忠心，难道想让秦王无缘无故来怀疑我吗?"王翦的意思是向秦王显示自己志向不大，只贪图些小利，不是和秦王争天下的人物。这样秦王自会放心了。

王翦和萧何有意给自己抹点黑，就是为了表明自己并无野心，以换取上级的信任。

【片言絮语】

　　"贬损自己"给自己抹点黑，其实是一种迷惑别人的烟幕弹。比如在与别人竞争时，我们不妨有意犯点小错误给对方看，使对方错误估计我们的实力，而我们却正在全速超越对方。

2. "傲慢"不戒，大事难成

> 傲是目中无人的盲目行为，慢是不自量力的狂妄作风。生活中，傲慢者常常只能孤芳自赏，结果必然是在傲慢中把自己孤立起来。所以，一个人要想圆通处世或者成就大事都必须要戒傲，做到有才学而不张扬，有情趣而不肤浅！

傲慢的本质是自我崇拜，当一个人过高地估计了自己的地位、声誉和财富，并对此产生自我崇拜时，便表现出傲慢。古时候有则笑话，说有人做了首诗自吹道："天下文章有三江，三江文章唯我乡，我乡文章数舍弟，舍弟跟我学文章。"转了一个大弯，还是自己的文章好，如此骄傲之人做的文章未必就真好。生活中，我们会常常遇到这样的情况，越是知识渊博的人越表现得谦逊无比，相反，只有那些"一瓶不满半瓶晃荡"的人越喜欢张扬。

曾国藩，这位中国历史上最有影响的人物之一，就力倡"戒傲"。1844 年 11 月 20 日他给家中的四位弟弟写信说："吾人为学最要虚心。尝见朋友中有美材者，往往恃才傲物，动谓人不如己，见乡墨则骂乡墨不通，见会墨则骂会墨不通，既骂房官，又骂主考，未入学者则骂学院。平心而论，已之所作诗文，实无胜人之处；不特无胜人之处，而且有不堪对人之处。只为不肯反求诸己，便都见得人家不是，既骂考官，又骂同考而先得者。傲气既长，终不进功，所以潦倒一生而无寸进也。"以此告诫弟弟们不要恃才傲物，不见人

家一点是处。傲气一旦增长，则终生难有进步。在信中他又以自己的求学经历劝勉弟弟们。他写道："余平生科名极为顺遂，唯小考七次始售。然每次不进，未尝敢出一怨言，但深愧自己试场之诗文太丑而已。至今思之，如芒在背……盖场屋之中，只有文丑而侥幸者，断无文佳而埋没者，此一定之理也。"

除此以外，他还用其他人因傲气而不能有所成就或被人冷笑的例子来告诫弟弟们。他写道："三房十四叔非不勤读，只为傲气太胜，自满自足，遂不能有所成。京城之中，亦多有自满之人。识者见之，发一冷笑而已。又有当名士者，鄙科名为粪土，或好做诗古，或好讲考据，或好谈理学，嚣嚣然自以为压倒一切矣。自识者观之，彼其所造，曾无几何，亦足发一冷笑而已。"

为此曾国藩总结道："吾人用功，力除傲气，力戒自满，毋为人所冷笑，乃有进步也。"其实，从心理学的角度看，傲慢是内心自惭而以道貌岸然的仪态来加以掩饰；从伦理学的角度看，傲慢属于一种不良的道德品行；从社会学的角度看，傲慢势必造成人际关系的不和谐。无论从哪方面讲，傲慢都会造成很多无法补救的过失。

所以，傲慢是粗俗的，它哗众取宠，盛气凌人，摆出趾高气扬、不可一世的俗态。傲慢是自负，它会使人疏远你，或敬而远之，或避而躲之，使人感到强硬固执，甚至不可理喻。傲慢是一种无知，它庸俗浅薄，狭隘偏见，表现出夜郎自大的心态，是虚荣和一知半解结合的怪物。傲慢就如同流沙，常常因此而导致事业的失败。

而谦虚是中华民族的美德。古话说："谦受益，满招损。"谦虚的态度会使人感到亲切，傲慢的架子则会使人感到难堪。中国的传统文化素来鄙视傲慢，而崇尚平等待人。

相传南宋时江西有一名士傲慢之极，凡人不理。一次他提出要与大诗人杨万里会一会。杨万里谦和地表示欢迎，并提出希望他带一点江西的名产配盐幽寂来。名士一听就傻了眼，他实在搞不懂杨万里要他带的是什么东西，只好说："请先生原谅，我读书人实在

不知配盐幽寂是什么乡间之物，无法带来。"

杨万里则不慌不忙从书架上拿下一本《韵略》，翻开当中一页递给名士，只见书上写着："豉，配盐幽寂也。"原来杨万里让他带的就是家庭日常食用的豆豉啊！此时名士面红耳赤，方恨自己读书太少，始觉为人不该傲慢。

傲慢是陷阱，只有克服和防止傲慢，才能在人生之路上不断前进。古人讲："君子宽而不慢。"综观古今中外成大事者，都是虚怀若谷、好学不倦、从不傲慢的人。宋代文学家欧阳修，其晚年的文学造诣可说是达到了炉火纯青的地步，但他从不恃才自傲，仍一遍遍修改自己的文章。他的夫人怕他累坏了身体，劝他说："何必这样自讨苦吃？又不是小学生，难道还怕先生生气吗？"欧阳修回答说："不是怕先生生气，而是怕后生笑话！"可见"虚心使人进步，骄傲使人落后"是永远颠扑不破的真理。而被奉为千古宗师的孔子也说："三人行必有我师焉。"何况我们这些凡人呢？

如果一个人已经习惯了傲慢，要改也不是一件难事，只要做到两点：第一，认识自己。不要以为这是很简单的事，一个人要正确认识自己其实是很不容易的。傲慢之人要么自以为有知识而清高，要么自以为有本事而自大，要么自以为有钱财而狂世，要么自以为有权势而压人。殊不知，山外有山，楼外有楼，自己远不是最有智慧或者本事的人；第二，与人交往一定要做到平等待人。平等待人不仅是文明礼貌的行为，也是人品修养的天平。平等待人是针对傲慢无理而言的，它要求人们在社会交往中，不管彼此之间的社会地位和生活条件有多大的差别，都一视同仁，切忌"势利眼"。古人说："不谄上而慢下，不厌故而敬新。"意思就是告诉我们，待人时不应用卑贱的态度去巴结逢迎有权势、有钱财的人，而怠慢经济条件较差、社会地位不高的人。在这个世界上，无论是穷人还是富人，其人格都是平等的，人格的基本要求是不受歧视，不被侮辱，即要求平等。如果你不愿遭到别人的反感、疏远，那你就切勿对穷人表

现出傲慢，对富人表现出逢迎。

如果人人都谨防傲慢，那将会使我们的人际关系更加和谐，使我们生活得更加幸福和愉快。让我们记住清代陆陇其的话吧："做人不可有傲态，不可无傲骨。"

【片言絮语】

曾国藩说："傲为凶德，慢为衰气，二者皆败家之道。"一个傲慢的富人不如一个善良穷人的素质，傲慢的根源是无知，是一个人心灵最贫穷、最可怜的表现。古话说："谦受益，满招损。"所以，唯有戒傲，方可成大事。

3.让你的朋友表现得比你优越

如果你对你的朋友说："你今天在舞会上表现得比我好多了。"你的朋友一定非常高兴。如果你说："你今天在舞会上的表现很不错，但是比我还差点哦。"郑重地告诉你，你已经失去这位朋友了，至少在心里，他对你是很不满的。

法国哲学家罗西法古说："如果你要得到仇人，就表现出比你的朋友优越吧。如果你想得到朋友，就要让你的朋友表现得比你优越。"为什么要这么说呢？因为每个人都重视自己，或者说在每个人的心里对自己的关注度都是最高的，都有那么一点自恋情结。我们稍微用心就会发现，在我们的朋友圈里几乎所有的人都喜欢谈论自

己，他们对自己的兴趣要高于其他人和事。所以，当你的朋友优于你，甚至超越你时，就可以给他一种优越感，满足他内心的需求，这样他自然对你产生好感。但是当你处在压过他们，凌驾于他们之上时，就会使其产生自卑，从而导致嫉妒与不悦，对你的感觉当然也不会好到哪里去。

根据人性的知识，我们知道，人们往往对自己的事更感兴趣，对自己的问题更关注，更喜欢自我表现。一旦有人专心倾听我们谈论我们自己时，就会感到自己被重视。卡耐基曾说：专心听别人讲话的态度，是我们所能给予别人的最大赞美。

德国人有一句谚语，大意是这样的："最纯粹的快乐，是我们从那些我们的羡慕者的不幸中所得到的那种恶意的快乐。"或者，换句话说："最纯粹的快乐，是我们从别人的麻烦中所得到的快乐。"

是的，你的一些朋友，从你的麻烦中得到的快乐，极可能比从你的胜利中得到的快乐大得多。

因此，我们对于自己的成就要轻描淡写。我们要谦虚，要让朋友表现得比自己优越，这样的话，我们就会永远受到朋友们的欢迎。

任何时候都不要以为，大家是朋友，不用讲虚伪的客套，可以时时刻刻说真话，说实话。事实并不尽然，如果你对你的朋友说："你今天在舞会上表现得比我好多了。"你的朋友一定非常高兴。如果你说："你今天在舞会上的表现很不错，但是比我还差点哦。"郑重地告诉你，你已经失去这位朋友了，至少在心里，他对你是很不满的。

所以，无论是多好的朋友都不要直接指出他的错误，因为一个蔑视的眼神，一种不满的腔调，一个不耐烦的手势，都有可能带来难堪的后果。你以为他会同意你所指出的吗？即便他真的就像你说的那样，但是你在无意中否定了他的智慧和判断力，打击了他的荣耀和自尊心，同时还伤害了他的感情。结果也许他不仅不会接受你

的意见，改变自己的看法，还会对你进行反击，从而在心底对你们的友谊判上死刑。

【片言絮语】

> 每个人都有相同的需求，都希望别人重视自己、关心自己，那么让我们放下自己的优越感，谦虚地对待周围的朋友，鼓励别人畅谈他的成就，不要喋喋不休地自夸自擂。这样，在别人得到优越感的同时，我们会得到更多的朋友。

4.放下你的"臭架子"，生活中人人平等

"人格无贵贱，人品有高低。"不要以为自己的级别比别人高了一点就把自己摆在"高人三等"的位置上，要派头、逞威风，实际上是把自己的人品降了三格。不如把架子放下来，为人处世低调一点，看似少了些威风，实则是提升了自己的人品，提升了自己的威信。

生活中，爱摆"臭架子"的人一点也不少见，哪怕只是当了个芝麻大的官，手下只有可怜的一个"兵"，也要把官腔打足，官架摆足。他们容易自以为是，比较容易指点江山，挥斥方道。他们往往是弄明白了一个问题，就误以为无所不知了；做成功了一件事，就误以为自己什么事都能做成。殊不知，一味地拿腔作势只会让自己

的部下敢怒不敢言，表面上恭恭敬敬，心里却巴望着你一头栽下去，永世不得翻身。

时下很多人以"老板"自居，一副高高在上的姿态，居高自傲，听不进员工的意见，不关心员工的想法。平时喜欢对下属指手画脚，批评时更是声色俱厉，缺少谦和的态度。不知这些老板是否清楚，他们"架子"越大，官气越足，员工就越反感，与他们的距离就越远。日积月累，不仅不利于各项工作的开展，员工的意见也会越来越大。

其实，究竟能不能当好老板，能不能当个好老板，不在于"官架子"端得大不大，而在于是否具有亲和力，是否得到了员工的认可，能不能让员工真正地信服和敬仰。那些越有"官样儿"的老板，事实上成了凌驾于人民之上的"官老爷"，让员工敬而远之。

一位为官光明磊落、深受群众爱戴的领导干部曾经这样说过："为官不要自觉高人三等，而应自觉低人三等。"同样，做老板的也要把自己的姿态放低，只有这样才能赢得员工的心。

1964 年，68 岁高龄的土光敏夫就任东芝董事长，他经常不带秘书，独自一人巡视工厂，遍访东芝散设在日本各地的 30 多家企业。身为一家公司的董事长，亲自步行到工厂已经非同小可，更妙的是他常常提着一瓶一升的日本清酒去慰劳员工，跟他们共饮。这让员工们大吃一惊，有点不知所措，又有点受宠若惊的感觉。没有人会想到一位身为大公司董事长的人，会亲自提着笨重的清酒来跟他们一起喝。因此，工人们称赞他为"捏着酒瓶子的大老板"。

土光敏夫平易近人的低姿态使他和职工建立了深厚的感情。即使是星期天，他也会到工厂转转，与保卫人员和值班人员亲切交谈。他曾经说过："我非常喜欢和我的职工交往，无论哪种人，我都喜欢和他交谈，因为从中我可能听到许多创造性的语言，获得巨大收益。"的确，通过对基层群众的直接调查，他不仅获得了宝贵的第一手资料，而且弄清了企业亏损的种种原因，还获得了许多有价值的

建议，更重要的是赢得了员工的好感和信任。

实践证明，更具亲和力的老板最讨人喜欢，他们不端"官架子"，常常"忘掉"自己的身份，和普通员工真心交朋友。他们把自己的亲和力逐渐变成了影响力，影响员工忠诚地跟随自己。

所以，我们说，有地位是好事，它是一个人工作能力和资历的体现，也是一个人事业有成的佐证，但切不可因此而趾高气扬、不可一世。一个好的领导者只有与下属打成一片，才能受到下属的拥戴，才能把工作做得更好。

第二次世界大战胜利前夕的一次进攻战役期间，美军将领艾森豪威尔在莱茵河畔散步，这时有一个神情沮丧的士兵迎面走来。士兵见到将军，一时紧张得不知所措。艾森豪威尔笑容可掬地问他："你的感觉怎么样，孩子？"士兵直言相告："将军，我特别紧张。""噢，"艾森豪威尔说，"那我们可是一对了，我也如此。"几句话，便使那个士兵精神放松下来，很自然地同将军聊起天来。

如果你想与下属融洽相处，并赢得他的尊重和爱戴，就得以一种低姿态出现在他面前，表现得谦虚、平和、朴实、憨厚，甚至毕恭毕敬，使他感到自己被尊重。这样他才会放松对你的警惕性，与你平等交流。反之，你总是表现出一副狂妄、傲慢的姿态，不仅不会让你们之间的交谈更加顺利，而只会使得你们之间的关系变得更加糟糕，当然也不会赢得他的尊重和爱戴。

有一天，华盛顿身穿没膝的大衣独自一个人走出营房。他所遇到的士兵，没有一个认出他。在一个地方，他看到一个下士领着手下的士兵正在修筑街垒。

那位下士把自己的双手插在衣袋里，只是对抬着巨大的水泥块的士兵们发号施令。尽管下士的喉咙都快要喊破了，士兵们经过多次努力，还是不能把石头放到指定的位置上。

士兵们的力气快要用完了，石块眼看着就要滚下来了。这时，华盛顿已经疾步上前，用他强劲的臂膀顶住石块。这一援助很及时，

石块终于放到了位置上。士兵们转过身，拥抱华盛顿，并表示感谢。

华盛顿问那个下士说："你为什么光喊加油而让自己的双手放在衣袋里？""你问我？难道你看不出我是这里的下士吗？"那下士鼻孔朝天，背着双手，很不以为然地回答说。

华盛顿听了那下士这样回答，就不慌不忙地解开自己的大衣纽扣向那个傲气十足的下士露出自己的军服，说："按衣服看，我就是上将。不过，下次再抬重东西时，你就叫上我。"那个下士这时才知道自己面前是华盛顿本人，一下子羞愧到了极点。

获取他人尊敬的方法靠的不是卖弄权力，不是高高在上的吆五喝六，而是你真诚地放下架子，与你的团队成员并肩战斗！要知道用你的人格魅力来影响他人，远比运用权势控制他人更有效和持久！

【片言絮语】

　　如果一个领导在下属面前威风十足，说话带"官腔"，办事让你看"官脸"，处处端着"官架"，那么他离成为"孤家寡人"的日子也就不远了。放下你的臭架子就是不要高高在上，事事处处表现得低调一点，这是一种领导艺术。

5.谦虚是一种不可战胜的力量

一个人要保持谦虚的姿态，善于学习他人的长处，以积累更多的经验，进而发展自己的才能，有更高的权威。反之，如果一个人自以为是，骄傲自大，目空一切，只能阻碍自己的发展，最终一事无成。

老子说过："上善若水。"意思是说，最好的善，就像水一样。水可以根据容器的形状，而呈现相应的形状。水往低处流，地势越低，水就汇聚得越多。水虽然柔弱，但水滴石穿，再坚硬的物体，也会被水滴穿。我们常说谦虚是一种美德，其实，谦虚与老子说的"善"相同，也像水一样，虽然柔弱，却能滴穿最坚硬的石头。谦虚之所以具有如此强大的力量，是因为谦虚的人，就像水一样，把自己的心态放得很低，别人只要有一点长处，马上就可以看到并学到，渐渐地，能力、智慧、人生的境界，就在不知不觉中突飞猛进了。

孔圣人说："三人行，必有我师焉。择其善者而从之，其不善者而改之。"意思是在众人之中一定有值得我学习的东西，因而要虚心学习别人的长处，把别人的缺点当镜子，对照自己，有则改之，无则加勉。所以，敏而好学，不耻下问，虚怀若谷，应该成为每一个居于人生巅峰的企业家们的重要修养。

比尔·盖茨和他的团队带领微软公司创造了 IT 业界一个又一个神话，作为微软第一任华裔副总裁的李开复，除了景仰比尔·盖茨的商业成就之外，最景仰的是他谦逊的性格。

他举了这样一个例子："我有一个朋友在微软专门帮助比尔·盖茨准备讲稿。这个朋友告诉我每次演讲前，比尔都会自己仔细批注并认真地准备和练习，到台上讲的时候都会讲得很好。而且，比尔每次演讲完，都会下来和我的朋友交流，问他：'我今天哪里讲得好，哪里讲得不好？'并且他并不是问问就算了，还会拿个本子记下来自己哪里做错了。当一个人能够在事业上做得这么成功，但还能这么敬业，还是这么谦虚，还是这么愿意学习，这是非常难得的，因为很多人成功了就把自己变得很自大。我觉得比尔·盖茨是一个了不起的人。"

而一些领导则认为自己在一个单位里是"老大"、No.1，是给员工发工资的人，由此趾高气扬，目空一切，其实他们是把因果关系搞颠倒了。子曰："四时行焉，百物生焉，天何言哉？"即天地于万物，居功至伟，但从不夸饰。一个企业家也应"无伐善，无施劳"，不要到处夸耀和表白自己的功劳。不仅如此，你居于高位，还要深知"尺有所短，寸有所长"，应该"富而无骄"，"富而好礼"，虚心向下属和其他人学习。

有一位领导平日里非常谦虚，有一次他看到他的一个普通下级在报纸上发表的一篇文章，感到写得很好，就亲自一笔一画地的全都抄写在自己的本子上，这种虚心向下属学习的精神不能不让人产生敬意。

人所以有长处和短处，既有先天的因素，又有工作经历等后天的原因。有些领导干部往往存有程度不同的"领导高明论"，认为，领导就应当各方面都比下级强，觉得学下级会有失身份，会给人一种"领导还不如下级"的感觉。其实，这完全是一种错觉和不正确的认识。领导应当比下级强，主要是指在领导方面或在总体上，并不一定代表领导哪一方面都比下级强，领导固然有自己的长处，但下级也绝非一无是处。下级在某些方面也可能有比上级所长的地方，过去，就有"弟子不必不如师"，"青出于蓝而胜于蓝"的说法，在

这种情况下，上级学习下级就是正常的了。

所以，低调的管理者敢于聘用比自己能干的员工，这句话说起来很简单，但是又有多少管理者能够有如此气度呢？许多管理者的做法都令人失望，他们往往选择在聪明才智和竞争力方面远不及自己的人，似乎这样才能使自己鹤立鸡群，而不至于被别人抢走"风头"，否则会让自己很没面子。

就说武大郎开店的事吧。在武氏炊饼店开张的那日，二郎武松请来县里的头面人物剪彩，又有鼓乐队助兴，好不热闹！就连平日难得出门的王婆等都赶来观看热闹而宏大的场面。开张几日，生意好得让大郎喜出望外，只是夫妻二人实在是忙不过来。于是大郎决定招伙计两名，消息传出，应聘者云集，只是大家看完招聘告示后都扫兴而去。原来这告示上第一条就赫然写着：身高不得高于大郎。这种建立在恐惧基础上的事业，是注定不会成功的；反之，心胸宽一些，容忍员工比自己强的事实，才能为公司网罗许多人才。

实际上，领导虚心学习下级，也更能显得领导的大度和良好的个人品行。切不可学"武大郎"，唯恐下级比自己长得"高"，有比自己长的地方。

谦虚不仅是只针对做领导来说的，几千年的文明，造就了华夏子孙谦虚的性格，从"圣贤"孔子到无产阶级革命家，都教导人们要谦虚；从远古的大禹到当今的华罗庚，都具有这种美德。如今，对任何一个现代人来说，都应该继承和发扬这一美德，以此为自己做人的准则。

【片言絮语】

一个成功的人，往往不是一开始即具备非凡的能力，而是能够不断地虚心向他人学习，吸取别人的长处，从学习的过程中一步一步地完善和发展自己的才能。所谓"成功是经验的累积"便是这个道理。

6.有本事也不要自卖自夸

有些人总好炫耀自己现有的成绩以及曾经的辉煌，甚至把炫耀先人的业绩当作自己的光荣。资历深自然值得尊重，但老是挂在嘴唇上当歌唱，就会贬值了。有真本事也不要自卖自夸，让别人说出来的才是真正的荣耀。

先来看一则寓言故事：

森林里，斑鸠强占了小喜鹊的窝，看着无家可归的喜鹊，斑鸠开心地说："你可知道谁是鸟中之王？"

小喜鹊胆战心惊地说："您是鸟中之王！"斑鸠满意地飞走了。不久斑鸠又啄光了小麻雀头上的毛，然后傲慢地问小麻雀："你可知道谁是鸟中之王？"

小麻雀吓坏了，结结巴巴地说："当然您……您是鸟中之王。"

斑鸠神气极了，它真的把自己当作鸟中之王了，耀武扬威地飞来飞去，见到一种鸟就向其炫耀自己的身份。迎面碰到了老鹰，它又问老鹰："你可知道谁是鸟中之王？"然后得意洋洋地等待着回答。

可是，它没有听到老鹰说它是鸟中之王的回答，只看到老鹰扇了一下翅膀，它感到一股强风向自己袭来，然后就从空中重重地跌落在草丛里。它听到老鹰在它头顶恶狠狠地说："这下你知道谁是鸟中之王了吧？"

　　斑鸠不知高低，自我吹嘘为鸟中之王，结果被老鹰一巴掌就打出了原形，威风扫地。其实，真正实力雄厚的才是王者，光靠嘴上功夫是吹不出实力的。有本事要让别人去说，不能老王卖瓜自卖自夸，不知收敛、吹嘘自己的人，当真相被揭开时只会颜面无光、威风扫地。

　　生活中有些人总好炫耀自己曾经的辉煌，甚至把炫耀先人的业绩当作自己的光荣，这是并不光彩的。资历深自然值得尊重，但老是挂在嘴唇上当歌唱，就会贬值了。一个真正成功的人是不喜欢自吹自擂的，因为群众的眼睛是雪亮的，如果你真有本事，又何须炫耀呢？

　　在广州第十三中学，有一位从初一到高三都在此校读书的女同学，她与人相处融洽，毫不显眼。直至高中毕业离校一年之后，有的同学才偶然得知，这位同学是叶剑英的曾孙，叶选平的孙女。

　　在某杂志社有一位60多岁的女员工。她工作勤恳，生病了也一早就来上班。她待人友善，对所有员工都和蔼可亲。她遵守纪律，有事请假一定正正规规地向"上司"说明理由，得到批准后才离开。她是一位战争年代十几岁就参军的老革命，在战火硝烟中冲杀过来，离休后不愿闲着，来杂志社干些抄抄写写的案头工作。

　　后来大家了解到，这位女员工有一个特别的身份：她是当时广东省省长朱森林的亲家——朱森林的女儿是她的儿媳妇。当她知道有人知道她这一身份后，她还是和过去完全没有两样，这更让大家对她刮目相看。

　　再就像1999年举行的那场世纪拳王大赛，虽然这场比赛被判为平局，但明眼人一看就知道是刘易斯获胜的，真正的拳王当是刘易斯，霍利菲尔德再怎样吹嘘也是没用的。

　　美国南北战争时，北军格兰特将军和南军李将军率部交锋，经过一番空前激烈的血战后，南军一败涂地，溃不成军，李将军还被送到爱浦麦特城去受审，签订降约。无疑格兰特将军是最后

的胜利者，但是他并没有对自己的成绩自吹自擂，而是表现得非常谦虚。他很谦恭地说："李将军是一位值得我们敬佩的人物。他虽然战败被擒，但态度仍旧镇定异常。像我这种矮个子，和他那六尺高的身材比较起来，真有些相形见绌。他仍是穿着全新的、完整的军服，腰间佩着政府奖赐他的名贵宝剑；而我却只穿了一套普通士兵穿的服装，只是衣服上比士兵多了一条代表中将官衔的条纹罢了。"这一番谦虚的话听在人家耳里，远比数次的自吹自擂好得多。

有本事要让别人去评价，不必自我吹嘘自我炫耀的，因为你的成绩，你的成功，别人会比你看得更清楚。只有对自己的成就持有怀疑态度的人，才爱在人家面前强出头，以掩饰那些令人怀疑的地方。

曾经有人说："愈是不喜欢接受别人赞誉的人，愈是表明他知道自己的成功是微不足道的。"假使一个人常常把一点微不足道的成绩当作一桩了不得的事情，那他无异于是在欺骗自己，就像那些被魔术欺骗了的观众一样。这样的人早晚将会走上失败之路，因为他早已没有自知之明了，一个没有自知之明的人做事就如同盲人摸象，又如何会取得成功呢？

【片言絮语】

没有本事就不要胡乱吹嘘，否则被人揭穿真相会颜面尽失。有真本事也不要挂在嘴上，自己说出来的总有"老王卖瓜，自卖自夸"的嫌疑。俗话说"群众的眼睛是雪亮的"，你有几斤几两，旁观的人心知肚明。因此，还是收敛一下嘴上功夫，用行动说话最好。

7.贵而不显，富而不炫

自古以来，金钱就是一个人身份和地位的象征。有道是"有钱气也壮"，于是，很多富人就常常自以为有了夸耀的本钱，不分场合和地点地炫耀自己，这就是我们常说的"露富"。事实上，一个人不可盲目"露富"，否则会导致倾家荡产，甚至引来杀身之祸。

有一个成语叫"静水深流"，简单的说来就是我们看到的水平面，常常给人以平静的感觉，可这水底下究竟是什么样子却没有人能够知道，或许是一片碧绿静水，也或许是一个暗流涌动的世界。无论怎样，其表面都不动声色，一片宁静。大海以此向我们揭示了"贵而不显，华而不炫"的道理，也就是说，一个人在面对荣华富贵、功名利禄的时候，要表现得低调，不可炫耀和张扬。

沈万三，元末明初人，号称江南第一豪富。原名沈富，字件荣，俗称万三。万三者，万户之中三秀，所以又称三秀，作为巨富的别号。

沈万三拥有万贯家财，但他却不懂得"静水深流"的道理。为了讨好朱元璋，给他留个好印象，沈万三竭力向刚刚建立的明王朝表示自己的忠诚，拼命地向新政权输银纳粮。朱元璋不知是捉弄沈万三呢，还是真想利用这个巨富的财力，曾经下令要沈万三出钱修筑金陵的城墙。沈万三负责的是从洪武门到水西门一段，占金陵城

墙总工程量的 1/3。可沈万三不仅按质按量提前完工，而且还提出由他出钱犒劳士兵。沈万三这样做，本来也是想讨朱元璋的欢心，但没有想到弄巧成拙。朱元璋一听，当下火了，他说："朕有雄师百万，你能犒劳得了吗?"沈万三没有听出朱元璋的话外之音，面对如此责难，他居然毫无难色，表示："即使如此，我依然可以犒赏每位将士银子一两。"

朱元璋听了大吃一惊，在与张士诚、陈友谅、方国珍等武装割据集团争夺天下时，朱元璋就曾经由于江南豪富支持敌对势力而吃尽苦头。现在虽已立国，但国强不如民富，这使朱元璋感到不能容忍。更使他火冒三丈的是，如今沈万三竟敢越俎代庖，代天子犒赏三军，仗着富有将手伸向军队。朱元璋心里怒火万丈，但他并没有立即表现出来，但他在心底决定要找机会治治这沈万三的骄横之气。

一天，沈万三又来大献殷勤，朱元璋给了他一文钱。朱元璋说："这一文钱是朕的本钱，你给我去放债。只以一个月作为期限，初二起至三十日止，每天取一对合。"所谓"对合"是指利息与本钱相等。也就是说，朱元璋要求每天的利息为百分之百，而且是利上滚利。

沈万三虽然满身珠光宝气，但腹内却没有装多少墨水，财力有余，智慧不足。他心里一盘算，第一天一文，第二天本利 2 文，第三天 4 文，第四天才 8 文嘛。区区小数，何足挂齿! 于是沈万三非常高兴地接受了任务。可是回到家里再仔细一算，不由得就傻眼了。第 10 天本利还是 512 文，可到第 20 天就变成了 524288 文，而到第 30 天也就是最后一天，总数竟高达 536870912 文。要交出 5 亿多文钱，沈万三就是倾家荡产也不一定够啊。

后来，沈万三果然倾家荡产，朱元璋下令将沈家庞大的财产全数抄没后，又下旨将沈万三全家流放到云南边地。这一切都是他不知富不能显，富不能夸，为富要自持，为富要谦恭，才能长久保持

富贵的道理造成的。

【片言絮语】

　　老子说："持而盈之不如其己；揣而锐之不可长保；金玉满堂莫之能守；富贵而骄，自遗其咎。功遂身退，天之道。"真正有钱的人是从来不露富的，真正有品位有档次的人做人都是很低调的。你看比尔·盖茨什么时候炫耀过？你看李嘉诚什么时候显摆过？

8.以诚为本，莫耍小聪明

　　一个人无论身处官场还是商场都最忌一味地耍小聪明，不管必要或不必要，不管合适不合适，时时处处显露精明，那样不仅不会给你未来的发展有所帮助，反而会成为招灾引祸的根源。

　　聪明人分两种，一种是真聪明，一种是假聪明，也就是小聪明，区别在于他们对聪明的使用不同。前者懂得韬光养晦，也就是能够审时度势做到深藏不露，不到火候时不会轻易使用，大智若愚。后者则盲目自傲、自以为是、好大喜功，大愚若智，这就是小聪明。

　　西方有这样一种说法：法兰西人的聪明藏在内，西班牙人的聪明露于外。前者是真聪明，后者是假聪明。在从政的过程中，在出将入相的过程中，切忌只知伸不知屈；只知进不知退；只知耍小聪

明，不知深煎于密；只知自我显示，不知韬光养晦。而杨修恰恰是犯了这个错误才做了曹操的刀下之鬼。

杨修是曹营的主簿，他在《三国演义》一书中，是很有名的思维敏捷的官员和有名的敢于冒犯曹操的才子。

刘备亲自打汉中，惊动了许昌，曹操也率领40万大军迎战。曹刘两军在汉水一带对峙。曹操屯兵日久，进退两难，适逢厨师端来鸡汤。见碗底有鸡肋，有感于怀，正沉吟间，夏侯惇入账禀请夜间号令。曹操随口说："鸡肋！鸡肋！"人们便把这作号令传了出去。行军主簿杨修即叫随行军士收拾行装，准备归程。夏侯惇大惊，请杨修至帐中细问。杨修解释说："鸡肋者，食之无肉，弃之有味。今进不能胜，退恐人笑，在此无益，来日魏王必班师矣。"夏侯惇也很信服，营中诸将纷纷打点行李。曹操知道后，定杨修造谣惑众，扰乱军心罪，把杨修斩了。

虽然杨修因妄猜曹操"鸡肋"之意，起了"惊惑将吏"的作用，但他本人实际上并没有这样的动机。他之所以如此，仅仅只是为了卖弄一下自己的小聪明而已，可惜却因了这小聪明而招来了杀身之祸。如果杨修明白在嫉贤妒能的领导者面前，无论何时何地暴露自己优于对方的才干，都是极危险的，也许他就不会"恃才放旷"，并且"数犯曹操之忌"了吧。

曹操兵出潼关，路过蔡邕庄，亲自登门探望蔡邕之女蔡琰。蔡琰字文姬，原是卫仲道之妻，后被匈奴掳去，于北地生二子，作《胡笳十八拍》流传入中原。曹操深怜之，派人去赎蔡琰。匈奴王惧曹操势力，送蔡琰还汉朝。曹操把蔡琰许配董祀为妻。曹操一日去访蔡琰，看见屋里悬一碑文图轴，图轴上有蔡邕评此碑文的八个字："黄绢幼妇，外孙齑臼"。曹操问众谋士谁能解此八字，众人都不能答。只有杨修说已解其意。曹操叫杨修先勿说破，让他再思解。告辞后，曹操上马行三里，方才省悟。原来其中隐藏着"绝妙好辞"四字。曹操也是绝顶聪明的人，却要行三里才思考出来，可见急智

捷才远不及杨修。

曹操曾造花园一所，造成后曹操去观看时，不置褒贬，只取笔在门上写一"活"字，众人不解其意，又不敢问。杨修说："门内添活字，乃阔字也。丞相嫌园门阔耳。"于是翻修。曹操再看后很高兴，但当曹操得知是杨修看破了自己的意思时，虽然口中夸赞，但心甚忌之。

又有一日，塞北送来酥饼一盒，曹操写"一盒酥"三字于盒上，放在台上。杨修入内看见，竟毫不客气地取出与众人分食。曹操问为何这样?杨修答说，你明明写着"一人一口酥"嘛，我们岂敢违背你的命令？曹操虽然笑了，内心却十分厌恶。

曹操怕人暗杀他，常吩咐手下的人说，他好做杀人的梦，凡他睡着时不要靠近他。一日他睡午觉。把被蹬落地上，有一近侍慌忙拾起给他盖上。曹操跃起来拔剑杀了近侍。大家告诉他实情。他痛哭一场，命厚葬之。因此众人都以为曹操梦中杀人，只有杨修知曹操的心，于是便一语道破天机。

杨修是绝顶聪明的人，才华横溢，其才盖主，且恃才放旷，无所顾忌，不懂得韬光养晦。而这恰恰犯了曹操的大忌。殊不知，有些帝王将相是不喜欢别人胜过自己的，最怕部下功高盖主。而杨修又碰上曹操这个生性多疑的"奸雄"，能不碰壁吗？总之，杨修之死，植根于他的聪明才智。虽然他对事物的理解能力很强，反应机敏，但是不懂如何为人处世，特别是不懂如何在也欲显示聪明的上司面前自敛锋芒，其实这只是小聪明。杨修对小聪明无节制的滥用，注定了他在尔虞我诈的官场，成不了大气候，也注定了他在通向权力的道路上成为失败者。

所以，真正聪明的人会掌握"度"，所谓"过犹不及"就是说，太聪明了反倒不如不聪明。明代大政治家吕坤以他自己丰富的阅历和对历史人生的深刻洞察，在《呻吟语》中说了一段十分精辟的话："精明也要十分，只须藏在浑厚里作用，古今得祸，精明人十居其

九，未有浑厚而得祸者。今之人唯恐精明不至，乃所以为愚也。"译成今天的话就是：精明还是非常需要的，但要在"浑厚"中悄悄地运用。古往今来得祸的人绝大多数都是精明的人，没有因浑厚而得祸的。现在的人唯恐不能精明到极点，这就是之所以愚蠢的原因啊！

耍小聪明的人有两种灾祸，一个是被人猜忌防范而招祸，一个是自己会把事情办坏而难成大事。它可以使人得意于一时，获得心理上的满足，然而终究还是自毁，永远不会取得真正的、伟大的成功。一个欲成大事的从政人员若耍小聪明就会早早被扼杀在摇篮里。因而，我们要从杨修之死中吸取深刻的教训以警戒自己不要耍小聪明。

《菜根谭》说："操履不可少变，锋芒不可太露。"意指自己的操守和志向不可有一点改变，自己的才华和锐气更不可过分暴露。又说："聪明人宜敛藏，而反炫耀，是聪明而愚憒其病矣！如何不败？"一个才智出众的人，应该是聪明不露，才华不逞，深藏若虚。若自以为了不起，过分炫耀自己，表面上看来像是聪明，其实却有点近乎无知，这样的人又如何不失败呢？

【片言絮语】

锋芒毕露，炫耀才能，不仅会招致旁人忌恨，并且也会使自己轻浮自傲，恃才自售。所以，在人际关系复杂的社会里，我们不要一味只是耍小聪明，炫耀自己的才能，必须懂得为人处世要以诚为本，才不致吃亏、遭忌。

9.顾及他人的面子是做人的底线

我们常喜欢摆架子、我行我素、挑剔、恫吓、在众人面前指责孩子或雇员，使他们颜面尽失，自尊心受到极大的伤害。我们为什么不能多考虑几分钟，讲几句关心的话，设身处地为他人想一下，要是这样，就可以缓和许多不愉快的场面。

保全他人的面子！这是一个何等重要的问题！而我们却很少会考虑到这个问题。一个人在着急的时候，总是会不由自主口不择言说一些伤害别人自尊的话。例如，"我永远不会办你所搞砸的那些蠢事。""谁像你那么不开窍，要是我几分钟就做完了。""你跟××一样缺心眼儿，看他那巴结相。"人人都爱惜自己的面子，而这些话无论是谁听了，心里都不会痛快。《圣经·马太福音》中说："你希望别人怎样对待你，你就应该怎样对待别人。"当你想说有损别人面子的话的时候，你何不反过来，将心比心，想一想这些话自己会愿意听吗？

其实，保全别人的面子就是给自己挣面子。卓别林准备扮演古代一位徒步旅行者。正当他要上场时，一位实习生提醒他说："老师，您的草鞋带子松了。"卓别林回了一声："谢谢你呀。"然后立刻蹲下，系紧了鞋带。

当他走到别人看不到的舞台入口时，却又蹲下，把刚才系紧的

带子松开了。原来他要在舞台上以草鞋的带子都已松垮来表达一个长途旅行者的疲劳状态。他系鞋带和松鞋带这两个动作不巧被一位记者看到了，戏演完后，记者问卓别林："既然是舞台需要你松开鞋带，那么你为什么不当场教那位弟子，他还不懂演戏的技巧，而是听从了他的劝告系紧了鞋带？"卓别林答道："别人的好意必须坦率接受。要教导别人演戏的技能，机会多的是，在今天的场合，最要紧的是要以感谢的心去接受别人的好意，并给以回报。"

人人都有自尊心和虚荣感，这与一个人的身份地位毫无关系，就连处于社会最底层的失败者也有这方面的需求。一位商人在街头看到一个衣衫褴褛的铅笔推销员，心中顿时生起一股怜悯之情。他把一元钱扔进卖铅笔人的怀中，就走开了。

没走几步，商人忽然觉得，无缘无故给一个推销员一元钱似乎不妥，他赶忙折转身来，从卖铅笔人的摊位上拿起几支笔，很抱歉地解释说："对不起，我忘了取笔了，希望你不要介意。"停了一会儿，商人又说："你跟我都是商人。你有东西要卖，而且有明码标价。我给你一元钱，为什么就不肯拿铅笔呢？对不起，请你原谅我刚才的冒失。"

几个月很快就过去了，在一个社交场合，一位穿着整齐的推销商迎上商人，他双手递上名片，并自我介绍说："您可能已经忘记我了，我虽然不知道您的名字，但我永远忘不了您。您就是那个重新给了我自尊的人。我一直觉得自己是个推销铅笔的乞丐，直到您跑来，并告诉我是一个商人为止。谢谢您的指点！"商人听了，露出满脸的笑容。

没想到商人简简单单的几句话，竟然促使一个处境窘迫的人茅塞顿开，重新树立了自信，并且通过自己的努力终于取得了成功。向一个陷入困境的人伸出热情之手，给予他无私的帮助的确是重要的，但更为关键的是，我们还应让他意识到自己的自尊和价值，也就是要保全他的面子，让他知道自己即便现在是一个失败的人，但

也和别人一样有着平等的人格。

【片言絮语】

　　纵使别人犯了错，而我们是对的，如果不能为对方保留面子，也许从此就会毁了他。相反，如果我们能够充分地给对方以尊重，也许就拯救了一个失败的灵魂。所以，不要降低别人的人格，不要伤害别人的自尊心。因为只有尊重别人，别人才会永远感激你。

10.淡化自己的优势，以免招嫉妒

　　从心理学角度来看，当一个人处于优势状态时，骄傲和鄙视的情绪就会产生，这种情绪最容易令对方产生嫉妒和仇恨，从而把自己置于对方的仇人之中。所以，一个人要想赢得融洽的人际关系，就要善于淡化自己的优势，以免招来嫉妒。

　　如果你是容易遭人忌妒受人诅咒的"成功人士"，很可能就是因为自己不小心，播下了仇恨的种子，惹得别人的憎恶情绪上升，正常交往因此受阻。如能尽量淡化自己的优势，别人不仅不会对你有敌意和隔阂，还会认同你的成功是靠自身努力得来的。

　　一般情况下，我们应该采取怎样的措施来淡化自己的优势呢？以下几个建议可供借鉴：

第一，面对成功，低调一点儿。

盛气凌人的态度最令人憎恶，如果你有幸成功，千万别高兴得找不着北。低调一点，忌口出狂言，将自己吹嘘得天花乱坠。

最好能强调外在因素以冲淡优势，比如你被派去单独办事，别人去没办成，而你办成了。这时，你若开口闭口："我怎么，怎么"，明显是说自己比别人技高一筹，聪明能干，当然会招致妒嫉。但若你换一种说法情况就截然不同了，"我能办妥这件事，一方面是因为前面的同志去过了，打下了基础，另一方面多亏了当地群众的大力帮助"，将办妥事的功劳归于"我"以外的外在因素"前面的同志和群众"中去了，从而使人产生"还没忘了我的苦劳，我要是有群众的大力帮助也能办妥"这样藉以自慰的想法，心理上得到平衡。无形中就淡化了自己的优势，也淡化了别人的嫉妒心理。

第二，言及优势时，不宜喜形于色。

人处于优势自是可喜可贺的事。再加上别人一奉承，更是容易陶醉而喜形于色，这会无形中加强别人的妒嫉。所以，面对别人的赞许恭贺，应谦和虚心，这样，不仅显示出自己的君子风度，淡化别人对你的妒嫉，而且能博得对你的敬佩。

小张和小李是大学同学，毕业后又在一个单位上班。小李由于工作出色而被提拔为业务厂长，小张说："小李，你真了不起，刚上班一年多就提升为业务厂长。大有前途，祝贺你啊！""没什么，没什么，老兄你过奖了。还不是多亏了你们这些同事和领导对我的抬举啊。"小李压抑着内心的欣喜，谦虚地回答。这一句话就打消了小张内心的嫉妒。如果小李此时说什么"凭我的水平和能力早可以提拔了"之类的话，必定会招致自己的同学兼同事小张的嫉妒，也许他们以后就很难相处融洽了。

第三，突出自身劣势巧用中和反应。

一个人身上的劣势往往能淡化优势，给人一种平平常常的感觉，减少对方的心理压力和敌意，"哦，原来你也跟我们一样"的心理

平衡感觉，从而淡化乃至免却对你的嫉妒。

比如，你是大学刚毕业的新教师，对最新的教育理论有较深的研究，讲课亦颇受同学欢迎，以至引起一些任教多年却缺乏这方面研究的老教师的强烈嫉妒。这时，你若坦诚地公开、突出自己的劣势：教学经验一点都没有、对学校和学生的情况很不熟悉等等，再辅以"希望老前辈们多多指教"的谦虚话，无疑会有效淡化自己的优势，衬出对方的优势，减轻弱化老教师对你的嫉妒。

第四，强调获得优势的"艰苦历程"以淡化嫉妒。

如果你处于优势确实是通过自己的艰苦努力得到的，那么不妨将此"艰苦历程"诉诸他人，加以强调以引人同情，减少嫉妒。

比如，在邻居、同事还未买汽车的时候，你却先买了。为了免受"红眼"，你可以这么说："我买这辆汽车可真不容易。你们知道我们俩节衣缩食积攒了多少年吗？整整 6 年啊！我们俩都不是高工资，为了攒钱，我连套好衣服都舍不得买，即便这样还借了我姐几万呢，唉！太难了……"听了这些话，对方就很难产生嫉妒之心。相反，或许还会报以钦佩的赞叹和由衷的同情。

第五，切忌在同性中谈及敏感的事情。

女性之间的妒嫉多半因容貌而起。妒嫉可以说是女人明显特征之一，而女人又往往因为容貌姿色才处于优势。所以，女人对容貌、衣着以及风度气质所带来的爱情生活、夫妻关系等相当敏感，很容易产生妒嫉。比如，一个姑娘因有一张漂亮的脸蛋而被不少小伙子包围着，那些容貌平平的没有人追求的姑娘，自然会对她产生嫉妒。如果你是男性，这时千万不要在女性之间当面夸赞其中某一姑娘"某某真漂亮"、"某某的气质太迷人了！""某某的穿着打扮真时髦！"这不仅会引起其他女性的嫉妒，而且会对你产生一种莫名的敌意。

男性之间的嫉妒大多因名誉、地位、事业所致。男人对社会活动能力、工作业绩、创造手段等最为关注，也最易导致相互嫉妒。

比如，某人升了职而赢得不少漂亮姑娘的追求，某人因才华出众、能说会道而显身扬名等等，都会受到身边其他男人的嫉妒。因此，在男性之间，作为女人也不宜当众评头论足，说什么"某某真能干！""某某的女朋友真是美若天仙！""某某年纪轻轻就升为总经理了！"

尤其是作为女友或者妻子，更不宜拿其他有优势的男人与自己的丈夫相比，如："你看人家小王，和你是同一年毕业的，现在年薪 30 万元，你呢？每个月最多 5000 元，亏你也是大学本科毕业呢。"如此，就是性格再敦厚再温顺的男人也难免不心里窝火，久而久之就会产生对他人的嫉妒，甚至做出一些偏激的举动，导致家庭、邻里、同事之间关系的僵化和冷漠。

【片言絮语】

每个人心底都希望自己是最优秀的，至少也要比别人优秀一点，当发现别人比自己强的时候难免心生嫉妒。为了维护良好的人际关系，就需要你学会淡化自己的优势，给别人一个心理安慰，减少别人对你的敌意和隔阂。

11.敬字当头，礼仪为先

礼貌待人，是公共生活中人与人之间相互关系的行为准则和道德规范。而礼貌最重要的一个本质就是恭敬心。礼貌是外在的仪式，但本质就是一个人的恭敬的心，有了恭敬心，它表现出来的行为，就会很有礼貌。

荀子认为，没有礼貌，人就不能生存，事业就不能成功，国家就不能安定。在古代讨论处世哲学的书中，出现得最频繁的字当属"敬"字了。所谓"敬"即恭敬。"朝，与下大夫言，侃侃如也；与上大夫言，訚訚如也。君在，踧踖如也，与与如也。"这句话的意思是说："在早晨上朝（上班）时，孔子和等级较低的官吏谈话，理直气壮，从容不迫；和等级较高的官吏谈话，正直而和蔼可亲。如果君主在场，他恭敬而不安，但却是随从着的。"孔子在上班时对不同的人亦有不同的态度，这不是说孔子善于吹牛拍马，歧视下等官吏，而是表明孔子无论对什么人都是恭敬小心的。

孔子不仅自己以身作则，还教导自己的弟子也要以恭敬的态度对待别人。他讲"色思温"，温和的脸色表现出的是友善，是对对方的尊重，是平易近人，是不卑不亢。他还讲"貌思恭"，就是接触人时，要考虑容貌态度是否恭敬有礼貌。"貌思恭"与"色思温"其实是不可分的。脸色不过是人的容貌态度的一个组成部分。"恭"，就是待人恭敬、谦虚、和顺，总之是有礼貌。这反映着一个人的教

养，古往今来，我们都提倡要礼貌待人，而礼貌最重要的一个本质就是恭敬心。礼貌是外在的仪式，但本质就是一个人的恭敬的心，有了恭敬心，它表现出来的行为，就会很有礼貌。

恭敬是对别人的尊重，在现代社会，人际交往更加频繁，无论是做人还是处世，我们都更应该从敬字入手。恭敬表现出来的是一个人谦虚的品质，一个人良好的修养，大多时候，恭敬更能赢得别人的尊重和尊敬，也更能取信于人。

对礼貌我们都有所了解，那么怎样才能达到恭敬呢？古人认为，出了门见到任何人都要像见到贵宾一样，整理好自己的衣衫，然后迎上前去问候答礼，每做一件事情都要认真对待，使民众感到自己如同承办国家大典一样出力。这是恭敬的气象。如今的日本、韩国也是非常讲究礼貌的国家，他们与人相遇的时候，首先是毕恭毕敬地鞠一个躬，纵然是在生意场上的一些对手，遇时不失人与人当中的尊重。比如说进屋的时候，打一个招呼，我是某某。很有礼貌。

你对别人恭恭敬敬，别人对你自然不会无礼。所以，恭敬的好处自然是不胜枚举。首先，古人认为如果长期地，每个人都坚持恭敬，那么为官者就会提高修养，为民者就会安居乐业，天下就会太平安定。这是恭敬的效果。《法华经》里有位常不轻菩萨，以敬视众生如佛的普敬法门来修行，使他能授记成佛。被称为"因位如来"的普贤菩萨，也是以"礼敬诸佛"作为修行。所以你恭敬他人，他人也会恭敬你，减少彼此间的摩擦。"恭敬"实为成就自己与他人最快速的不二法门。

其次，恭敬对于个人的好处更大，古人认为，人能做到对自然恭敬，则会爱护环境，自觉维护天地的正常运转和万物的自然生长，有良好的生存空间；人能做到对他人恭敬，则会把自己的聪明睿智全部显现出来，以维系良好的人际关系，保证不会受到战争的干扰和痛苦；人能做到对自己的恭敬，则会庄重无私，坚强意志，强壮肌肤，不会因心中有愧而神色慌张，不会因杂乱无序而气喘吁吁。

由此可见，恭敬的对象不仅仅是人，还有事和物，无论对象是谁，只要你对他表现出足够的恭敬，那么他就会以同样的态度对你。就像大山里的回音，你喊出什么，你听到的回复就是什么。

生活中，我们要首先做到对父母长辈的恭敬，对老师的恭敬，这是最基本的。然后，我们要对周围的人，包括朋友、同事，甚至陌生人都表示恭敬。最后，我们不只对人要恭敬，对物也要恭敬，包括对大自然，对时间等。

【片言絮语】

对朋友，你表示恭敬，他们就会喜欢与你相处；对领导，你表示恭敬，他们就会器重你、提拔你；对陌生人，你表示恭敬，就有机会结识更多的朋友，他们之中也许就有你一生的贵人。

12.主动承认自己的错误

当你向人们承认自己的短处和弱点时，人们会信以为真，并立即接受你；相反，对"王婆卖瓜，自卖自夸"式的宣传，人们常常持怀疑态度，还招人反感。而示弱就像承认自己的短处一样，能给人一种坦诚的好印象，能够解除别人对你的戒备心理，赢得信任。

几乎每个人都有好强的心态，没有人愿意承认自己的短处和弱

点，心里巴不得自己是最强大的，最优秀的，最聪明能干的。但是山外有山，人外有人，竞争无处不在，所以若是在特定情况下公开承认自己的短处，有意暴露某些方面的弱点，常常是一种有益的处世之道。

苏东坡在评论汉初三杰之一张良的名篇《留侯论》里曾经说过："古之所谓豪杰之士者，必有过人之节，人情有所不能忍者，匹夫见辱，拔剑而起挺身而斗，此不足为勇也，天下有大勇者，卒然临之而不惊，无故加之而不怒，此其所挟持者甚大，而其志甚远也。"当然这话评价韩信也适用，由此看来，张良、韩信都"挟持"了，都示弱了，面对一时应对不了的强势，我们服个软，装个孙子算什么？

在日常生活中，我们常用"毫不示弱"来形容一个勇敢的人，但时时处处不示弱的人能得一时之利，有时却难以成为最终的成功者。倒是有些人，凡事低调，不逞能，不占先，心境平和宽容，不受外人干扰，处之泰然，最后取得成功的还是自己。看来人有时候就得示弱，以避其锋芒，养精蓄锐，蓄势待发。其实这与古人的韬光养晦是一致的。向人示威是人人都会的，向人示弱却是少数人才会的。因为这更需要智慧和勇气。

同样，学会低头和示弱有异曲同工之妙。

在现实生活中，我们更应该试着去学习低头，主动示弱。其实这并不难，就和打麻将一样，只要知道：当自己摸到一手烂牌时，不要再希望这一盘是赢家；只有傻子才在手气不好的时候，对自己手上的一把烂牌说，我们只要努力就一定会胜利。学会低头，就是在陷入泥潭时，知道及时爬起来，远远地离开那个泥潭；只有笨蛋才会在狼狈不堪的时候，对自己的鞋子说，我们是出污泥而不染的。

在人生的道路上，固执地去执著某些方面，以不屈不挠、百折不回的强者精神坚持到底，结果输掉了自己。所以，用平和的心态，学会示弱和低头，才是最佳选择的道路。

因为示弱可以减少乃至消除别人对你的不满或嫉妒，也可以使

别人放松对你的警惕性。这也是欲盖弥彰的糊涂学，事业上的成功者，生活中的幸运儿，被人嫉妒的现象是必然存在的。在一时还无法消除这种社会心理之前，用适当的示弱方式可以将其消极作用减少到最低限度。示弱能使处境不如自己的人保持心理平衡，有利于团结周围的人。示弱能表现一个人实事求是的作风，客观上给积极进取者以鼓励。

示弱可以是个别接触时推心置腹的交谈、幽默的自嘲，也可以是在大庭广众下，有意以己之短，衬人之长。示弱有时还要表现在行动上。自己在事业上已处于有利地位，获得了一定的成功。在小的方面，即使完全有条件和别人竞争，也要尽量回避退让。也就是说，事业之外，平时对小名小利应淡泊疏远些。因为你的成功已经成了某些人嫉妒的目标，不可再为一点微名小利惹火烧身，应当分出一部分名利给那些暂时的弱者。

示弱是强者在感情上体贴暂时在某些方面处于劣势的弱者的一种有效的手段。它能使你身边的"弱者"有所慰藉，心理上得到平衡，减少或抵消你前进路上可能产生的消极因素。把表面的风光让给别人，把沉甸甸的实惠留给自己，何乐而不为！人不太容易去改变自己条件的强或弱，但却可以以示强或示弱的方式，为自己争取有利的位置。

【片言絮语】

人性丛林里没有绝对的强与弱，一切都是相对的；也没有永远的强与弱，只有一时的。因此，强者与弱者最好维持一种平衡、均势的关系。只要你愿意，不论你是弱者或强者，"承认短处，暴露弱点"只是其中一个智慧的处世策略罢了。

13.锋芒毕露乃做人之大忌

俗话说："人心隔肚皮，虎心隔毛衣。"在人生的竞技场上，千万别显示你比别人聪明，这就是中国人常说的"守拙"，是一种掩饰自己、保护自己、积蓄力量、等候时机的人生韬略，经常在敌对斗争中使用。

中国一句成语叫做"锋芒毕露"，锋芒本意是刀剑的尖端，后人将之比作一个人的聪明才干。古人认为，一个人看无锋芒，则是扶不起来的"阿斗"，所以有锋芒是好事，是事业成功的基础。在适当的场合显露一下既有必要，也是应当。然而，锋芒可以刺伤别人，也会刺伤自己，所以运用时要小心翼翼。所谓物极必反，过分外露自己的聪明才华很多时候都会导致自己的失败。尤其是做大事业的人，锋芒毕露既不利于事业发展，有时还会失去自己的身家性命。

有一位年轻的律师，参加了一个重要案子的辩论。这个案子牵涉到一大笔钱和一些重要的法律问题。在辩论中，一位最高法院的法官对年轻的律师说："海事法的期限是 6 年，对吗？"律师愣了一下，看看法官，然后率直地说："不。庭长，海事法没有这项期限。"这位律师后来对别人说："当时，法庭内立刻静默下来，似乎连气温也降到了冰点。虽然我是对的，他错了，我也如实地指了出来，但他非但没有因此而高兴，反而脸色铁青，令人望而生畏。尽管法律站在我这边，但我却铸成了一个大错，居然当众指出一个声

望卓著、学识丰富人的错误。"

这位律师确实犯了一个"比别人正确的错误"。在指出别人错了的时候，为什么不能做得更高明些？所以古希腊著名哲学家苏格拉底在雅典一再告诉他的门徒："你只知道一件事，就是一无所知。"而英国19世纪政治家查士德裴尔爵士则更加直白地训导他的儿子："你要比别人聪明，但不要告诉人家你比他们更聪明。"

学会"守拙"这种韬略还可用来维持与改善同他人的关系，特别是当你发现了他人的错误而又不能不指出时，使用这一策略尤其重要。因为无论你采取什么方式直接指出别人的错误：一个蔑视的眼神，一种不满的腔调，一个不耐烦的手势，都有可能带来难堪的后果。因为这等于说："我会使你改变看法，我比你更聪明。"这等于否定了他的智慧和判断力，打击了他的荣耀和自尊心，同时还伤害了他的感情。他非但不会改变自己的看法，还要进行反击。这时，你即使搬出所有的权威理论和所有的铁定事实也无济于事。为什么要给自己增加困难呢？

所以，在指出别人错了的时候，也应该做得高明一些，不要说，我比你更聪明。

例如，你可以用若无其事的方式或者也许是你自己错了的方式提醒别人，提醒他不知道的好像是提醒他忘记了的，或者提醒他错了的好像是他没说清楚的。这将会收到神奇的效果，无论什么场合，试问，谁会反对你说"我也许不对"呢？

著名科学家玻尔就是这样一位极其尊重他人但又非常坚持真理的人。当他对别人的观点提出不同意见时，常常预先声明："这不是为了批评，而是为了学习。"这句话后来成为一句名言被人印在一期物理杂志的封面上，作为献给玻尔的生日礼物。

一次，有人发表学术演讲，效果非常糟糕，玻尔也认为这个演讲"完全是瞎扯"，但他仍然热情地对演讲者说："我们同意你的观点的程度，也许比你所想象的还要大！"玻尔同爱因斯坦展开过一场

为期近30年的学术大争论，两人的观点完全相对立。但爱因斯坦认为，在反对他的观点的阵营中，玻尔是最接近于公正地处理他所代表的学术观点的人。

玻尔的这种态度及他在为人方面的其他杰出表现，不但有助于他取得巨大的学术与教育成就，而且使他深受人们爱戴，使他的为人往往比他的科学教育成就更为人们所仰慕和歌颂。

【片言絮语】

人生需要锋芒，如果一味地甘做陪衬，不思进取只能一事无成，所以，有时候锋芒是好事，但是所谓物极必反，在某些时候，锋芒也是把双刃剑，可以刺伤别人，也会刺伤自己。过分外露自己的聪明才华很多时候都会导致自己的失败，甚至还会失去自己的身家性命。

14. 做人要低调，出头的椽子先烂

做人不要太高调，就是要我们在日常生活和工作中善于掩藏自己的锋芒，不要总是夜郎自大，要谦虚，不要把自己的弱点或短处全部袒露出来让别人发现，这样很容易被人利用与操纵。要懂得"真人不露相"的做人道理。

唐朝诗人刘禹锡，才富五车，诗名很大，为人爽直，但有时做人不够圆通，惹来不少麻烦。当时有个风俗，举子在考试前都要将

自己的得意之作送给朝廷有名望的官员，请他们看后为自己说几句好话，以提高自己的声誉，称之为"行卷"。

襄甲有位才子牛僧孺这年到京城赴试，便带着自己的得意之作，来见很有名望的刘禹锡。刘禹锡很客气地招待了他。听说他来行卷，便打开他的大作，毫不客气地当面修改他的文章，"飞笔涂窜其文"。刘本是牛的前辈，又是当时文坛大家，亲自修改牛的文章，对牛创作水平的提高是有好处的。但牛僧孺是个非常自负的人，从此便记恨于心了。后来，由于政治上的原因，刘禹锡仕途一直不很得意，到牛僧孺成为唐朝宰相时，刘还只是个小小的地方官。

一次偶然的机会，刘禹锡与牛僧孺相遇在官道上，两个人便一起投店，喝酒畅谈。酒酣之际，牛写下一首诗，其中有"莫嫌恃酒轻言语，憎把文章逼后尘"之语，显然是对当年刘禹锡当面改其大作一事耿耿于怀。刘见诗大惊，方悟前事，赶紧赋诗一首，以示悔意，牛才解前怨。刘惊魂未定，后对弟子说："我当年一心一意想扶植后人，谁料适得其反，差点惹来大祸，你们要以此为戒，不要好为人师。"好为人师也是一种单纯的行为，而夜郎自大则更是单纯到了极点。

祢衡年少才高，目空一切。建安初年，二十出头的祢衡初到许昌。当时许昌是汉王朝的都城，名流云集，司空掾、陈群、司马朗、荡寇将军赵稚长等人都是当世名士。有人劝祢衡结交陈群、司马朗，祢衡说："我，怎能跟杀猪、卖酒的在一起？"劝其参拜赵稚长，他回答道："苟某白长一副好相貌，如果吊丧，可借他的面孔用一下；赵某是酒囊饭袋，只好叫他看厨房了。"这位才子唯独与少府孔融、主簿杨修意气相投，对人说："孔文举是我大儿，杨德祖是我小儿，其余碌碌之辈，不值一提。"由此可见他何等狂傲。

献帝初年间，孔融上书荐举祢衡，大将军曹操有召见之意。祢衡看不起曹操，抱病不出，还口出不逊之言。曹操求才心切，为了收买人心，还是给他封了个击鼓小吏的官，借以羞辱他。一天，曹

操大会宾客，命祢衡穿戴鼓吏衣帽当众击鼓为乐，祢衡竟在大庭广众之中脱光衣服，赤身露体，使宾主讨了个没趣。曹操恨祢衡入骨，但又不愿因杀他而坏了自己的名声。

曹操心想像祢衡这样狂妄的人，迟早会惹来杀身之祸，便把祢衡送给荆州的刘表。祢衡替刘表掌管文书，颇为卖力，但不久便因倨傲无礼而得罪众人。刘表也聪明，把他打发到江夏太守黄祖那里去。祢衡为黄祖掌书记，起初干得也不错。后来黄祖在战船上设宴，祢衡说话无礼受到黄祖呵斥，称衡竟顶嘴骂道："死老头，你少啰嗦！"黄祖急性子，盛怒之下把他杀了。其时，祢衡仅26岁。

祢衡文才颇高，桀骜不驯，本有一技之长，可受人尊重，但是祢衡没有因为这一技之长而受惠于世，他恃一点文墨才气便轻看天下。殊不知，一介文人，在世上并非有甚不得了，赏则如宝，不赏则如敝履，不足左右他人也。祢衡似乎不知道这些，他孤身居于权柄高握之虎狼群中，不知自保，反而放浪形骸，无端冲撞权势人物，最后因狂纵而被人杀害。

做人一定不可有夜郎自大的思想和行为，要深知"出头的椽子先烂"的道理。过于高调的行事和锋芒毕露的性格，对于一个人必将没有什么好的结果。

【片言絮语】

古人说："君子要聪明不露，才华不逞。"如果一个人总是喜欢显露自己的才干，那么他必然会遭受很多的挫折，这是做人太单纯的表现。在现实生活中，做人要善于藏锋露拙。有才干本是好事，但是带刺的玫瑰最容易伤人，也会刺伤自己。

第五章
荣辱不惊，得意不忘形失意不失态

　　"荣辱不惊"深刻地道出了人生对事对物、对名对利应有的态度：得之不喜、失之不忧、宠辱不惊、去留无意。这样才可能心境平和、淡泊自然。生命是一种轮回，人生之旅，去日不远，来日无多，权与势，名与利都是过眼烟云，只有淡泊才是人生的永恒。何必去把个人的得失看得太重，又何苦去沉吟事态的炎凉？得意不忘形，失意不失态，遇事拿得起，放得下，想得开，淡泊为怀，知足且常乐矣。

DiDiaoZuoRen
BuChiKui

1.以隐忍之心对待别人的羞辱

低调做人，就必须学会对不平或者凌辱付之一笑、坦然处之，让时间与事实去做出正确的评判。毕竟人生要经历许许多多的坎坷与磨难，学会宽容你才能驾驭自我，学会忍让你才会成就大事。

忍，是一种韧性的战斗，是一种永不败北的做人法宝，是战胜人生危难和险恶的有利武器。20世纪80年代，加拿大前总理特鲁多在下野后向邓小平请教复出的"秘诀"，邓小平的答案是"忍耐和信仰"。正是凭着这个"秘诀"，他三次被打倒，三次复出，而且一次比一次获得的成功大，被西方人称为"打不倒的东方小个子"。

忍，可以顶得住任何砖石的磨砺，可以经得起任何风雨的冲击。正是这个"忍"字，使一度被打倒的邓小平再度复出，也正是这个"忍"字，教会了加拿大那位前总理人生的秘诀，使他在下野以后又重新焕发了政治生机，重新获得了总理的宝座。

历史上，"忍"字成了众多有志之士的人生哲学。越王勾践也罢、韩信也罢，都曾忍受过别人的侮辱，最终渡过了难关，成就了大业。清朝金兰生在《格言联璧·存养》中说："必能忍人不能忍之触忤，斯能为人不能为之事攻。"

战国时期，有一位出生于魏国的范睢，因家境贫穷，开始时只在魏国大夫须贾手下当门客。有一次，须贾奉命出使齐国，范睢作为随从前往。

到了齐国，齐襄王迟迟不接见须贾，却因仰范雎的辩才，叫人赏给范雎十斤黄金和几坛酒，但范雎辞谢了。须贾却由此产生了疑心，认为范雎是把秘密情报告诉了齐国，才得了赠送礼物。回国后，须贾将自己的疑心告诉了魏国宰相魏齐。魏齐下令把范雎传来，用竹板责打他，打折了肋骨，打落了牙齿。范雎假装死了，被人用破席卷起来，丢在厕所里。接着魏齐设宴喝酒，喝醉了，便和宾客轮流朝范雎身上小便。后来，范雎设法逃出魏国，改换姓名，辗转到了秦国，当了秦国的宰相。

忍，实在是医治磨难的良方。忍人一时之疑，一时之辱，一方面可以脱离被动的局面，同时也是一种意志、毅力的磨炼，为日后的发奋图强、励精图治、事业有成奠定了正常情况下所不能获得的基础。

现实生活本身并不全然是理性的，其中也充斥着很多无奈的逻辑。譬如，某些人的性格带有攻击性，这就意味着另一些人往往无端地遭到挑衅。如果我们对所有的"攻击"，都施之以"反击"的话，那我们生活的环境将充满火药味，于健康何益? 忍让者，忍耐也，谦让也。一般说来，社交过程中产生什么矛盾的话，双方可能都有责任，但作为当事人应该主动地"礼让三分"，从自己方面找原因。

忍让，实际上也就是让时间、让事实来"表白"自己。在社交中取忍让的态度可以让很多事情"冷处理"，可以摆脱相互之间无原则的纠缠和不必要的争吵。从某种意义上说，忍让既可以使自己摆脱尴尬难堪的局面顺势下台，又能显示出自己的心胸和气量。

【片言絮语】

面对羞辱泰然处之，从容对待，以隐忍化干戈为玉帛；有的人却怒形于色，耿耿于怀，因偏狭积小怨为仇端。学会忍让，这看似极简单的事儿，却有化解你生活中各样烦恼的神力。

2.低调对待表面的浮华与名利的得失

　　不要看重表面的浮华，更不要过于重视名利的得失。做什么事都要量力而行，做个低调的有自知之明的人，才是真正的聪明人。面对外来的批评和赞美，最重要的是要保持一颗平常心。

　　有这样一个寓言故事：

　　一只老猫饱餐了一顿之后，顾不上洗脸，打了一个哈欠就呼呼睡着了，鼻子上还沾着奶油。这时，一只饥肠辘辘的老鼠，寻着奶油的香味，来不及看清周围的境况，莽莽撞撞张开嘴就咬。"哎哟！"一声惨叫，被疼痛惊醒的老猫还没弄清怎么回事，就吓得早已逃之夭夭了。消息传开，这位莽撞老鼠在鼠国家喻户晓，它被同伴们视为无畏的勇士，成了鼠类的骄傲。

　　"您为我们老鼠出了一口气，以前只有我们老鼠逃跑的事，今天竟然是猫逃走了。在我们鼠类历史上还是第一次，您将永垂史册。"老鼠国的所有成员都夸奖它说。从此，无论这位鼠英雄走到哪里，哪里都有鲜花和欢呼围绕，还有漂亮的鼠小姐们对它频送秋波，脉脉含情。就这样，这位英雄也慢慢地相信自己真的是猫的克星，不知不觉就变得趾高气扬起来。

　　谁知没过多长时间，这只老鼠勇士又碰上了那只倒霉的老猫，它暗自高兴，这次又可以大显身手了，再给猫一个重创，抓瞎它的

眼睛，用更大的胜利赢得更高的荣誉与尊敬。可是它怎么也没料到，自己怎能是猫的对手？这次不仅没逮着便宜，反而被对方咬得遍体鳞伤，尾巴也被咬掉了半截。若不是侥幸凭借一点机灵，险些性命都难保了。

这倒霉的消息也不胫而走，又轰动了整个鼠国。这次大家却不是用鲜花和欢呼迎接它，取而代之的却是铺天盖地的咒骂和唾沫："懦夫！小丑！真是丢脸！"往日的英雄再没有人理睬，别说老鼠姑娘们的青睐，就是走路也得藏着半截尾巴，低着脑袋。

没有自知之明的人，一味地炫耀自己侥幸得到的荣耀，只能得到失败的苦果。做人要低调，翘着尾巴不可取，一些虚华和假象更要看淡看轻。低调的人懂得这个道理：对于一些虚无缥缈的东西，哪怕是真正自己获得的荣誉，总是放在内心自己欣赏，而绝不可当众夸耀自己。

秋天来了，树上的叶子一天比一天稀少，天气也逐渐凉下来。一只蝙蝠在飞来飞去，它哭着说冷。鸟中之王——鹰看见了它。

"你为什么哭啊，蝙蝠？"老鹰问道。

"因为我冷。"

"为什么别的鸟不哭呢？"

"它们不冷，因为它们都有羽毛。可是我连一根羽毛也没有。"

老鹰考虑了一下，觉得蝙蝠一片羽毛也没有，确实可怜，于是就让所有的鸟各给蝙蝠一片羽毛。蝙蝠有了各种鸟儿的羽毛后，显得漂亮极了，每片羽毛颜色都不一样。蝙蝠把翅膀张开，真叫人眼花缭乱。

蝙蝠因为有了这五彩缤纷的羽毛而骄傲起来，每天都盯着自己的羽毛，不理睬别的鸟儿。它老是欣赏着自己的羽毛，自我陶醉着：瞧我有多漂亮！鸟儿都飞到它们的国王老鹰那里去，愤愤不平，向它告状说蝙蝠因为有别人给它的羽毛而自夸，跟别的鸟儿连话都不愿意说。国王老鹰把蝙蝠叫了来。

"所有的鸟都在告你的状，蝙蝠！"鸟王对它说，"听说你拿它们的羽毛来自夸，骄傲得连话都不愿同它们说了，是真的吗?"

蝙蝠说："它们是出于妒忌说的，因为我比所有的鸟都漂亮得多。你瞧一瞧，自己判断吧！"蝙蝠张开两扇翅膀，也的的确确很美丽。"那么好吧！"老鹰说，"如今让每只鸟把原来给你的那片羽毛收回去，既然你这么漂亮，就用不着要别人的羽毛了。"

所有的鸟都扑向蝙蝠，把自己的那片羽毛取了回来。蝙蝠还跟原来一样光秃秃的，它感到羞耻，也感到自己太丑了，所以从这个时候起，它老是害羞，总是夜间才飞出来，免得别的鸟看见它。

【片言絮语】

获得荣耀和名利的确是人生之乐事，但我们面对这些身外之物都应该低调处理，无论什么时候，都不应当众显摆自己，否则，不仅是一种缺乏修养的表现，更是处世做人的一大忌讳。

97875113086109787511308610

97875113086109787511308610

978-751-13086109787511308610

97875113086109787511308610

97875113086109787511308610

97875113086109787511308610

3.不要在一些琐事上斤斤计较

"宠辱不惊"是低调做人的一个境界，人生有许多坎是需要自己去超越的，但不可为没能越过而丧气，也不要为成功跨越而欣喜，做人永远不要被人生平凡琐事而影响我们的从容与自信。

每个人在年少的时候，都会幻想自己成为众人目光的焦点，成为睿智不凡的人物，成为举足轻重的角色。可是，对大多数人来说，那种境界也许永远不会出现在人生中的某一瞬间，绝大多数人所扮演的，只不过是星河中再普通不过的一颗星星。

这种时候，不必在意。不必在意没有成为最炫目的，至少在家人心中或爱人眼里，你仍是最亮丽的。让大家去崇拜那些不凡的人吧，不必在意无人喝彩，请用心将自己平凡的角色演得最好、最精彩。任何辉煌固然是一份幸运，人生平淡又何尝不是一种际遇呢？不必在意求不来避不开的升迁荣辱，随遇而安、随缘施展，且深信只要努力，在怎样的机遇里都能收获一份丰美的人生。

不必太在意自己的心境，也不必太在意将它说出来或是写下来，就让这种心境永驻你的心底吧！失意也罢，惆怅、徘徊、迷失或是欣喜、舒心也好，这种种感受，终将凝为你一生永不褪色的情感风景线。何必用太多的时间，太多的精力向别人去描绘，其实在这风景线的远处，你又读懂了多少种奥妙呢？

不必太在意别人的想法，勇敢做自己。因为你毕竟是你自己，有不能被别人所了解和替代的另一面。别人也毕竟与你不同，何必为这世态炎凉而改变了自己？只要活出了自己，你就是好样的！你是你自己的主人，只要不危害别人的利益，你有权，而且应该与别人不同。

在自己的空间和世界里，就要活出自我。你穿西装、系领带，或是中山装加布鞋；你享用海味山珍或是吃咸菜、臭豆腐；你大声宣泄，或是独坐夜空……只要你愿意、你喜欢，不要去在意该不该这样做，做了会有什么后果，你做你的，做你愿意做的，想要做的，别人无权过问，潇洒一点好吗？要相信你始终是你自己，不必太在意，该来的终究会来，该去的你也无法挽回，得与失、好与坏均取之于自然！就这样活下去，活出你自己，不必太在意！

不必太在意你的生活圈子，也不必太在意别人对你的感觉。人海茫茫，大千世界，你走在街上，总会有人在注意你，在嘴上或心底对你评头论足。有人欣赏你，自然也会有人讨厌你。你何必为别人的眼光和舌头而活呢？

一位著名记者的采访本上，记着采访一位成功企业家时印象最深的一句话："不要在意别人是否喜欢你，不要奢望每个人都会善待你。"人生在世，实在不必在意别人怎样对待你。人们在交往中不由自主地用自己的方式去度量别人，因为投机、因为说不清、道不明的感觉、因为微妙的举止，厚此薄彼的情况便常常发生。我们既然不能保证不以个人的好恶待人，怎么又能够去强求每个人公正热情地对待我们呢？

在繁杂的生活中，某个人或许对张三李四很好，对你却不冷不热，可你也想不出曾做错过什么，想不出什么地方得罪了他。在自问和猜测间，你耗掉了时间也消磨了自信，其实，他对你的态度并不能改变什么实质性的东西，你怎么能因此扰乱自己心里的平衡呢？小王不是对你很好而对别人比较冷淡吗？

当我们走在城市的某一个街头，随时可能会遇到一个向你兜售化妆品的推销员。尽管在你的眼中，他的举手投足显得是那么的程序化，但是，随着演说的进行，你会逐渐地被他的快活乐天和认真的态度所感染。然而，在最初的梦想里，有谁会希望自己只是个街头不起眼的小贩呢？不必在意冷漠的面孔、冷淡的表情，也不必刻意捉摸别人怎样待你和怎样评说你。珍惜时光，读自己喜欢的书，倾听迷人的音乐，品上一杯香茶，你会发现生活是那么的淡然而又美好。

【片言絮语】

"宠辱不惊，闲看庭前花开花落；去留无意，漫随天外云卷云舒"。把自己的心态调整到最佳状况，每天给心灵洗个澡。我们的生活本来就很繁杂劳累，如果在意太多岂不是更加劳心费力？

4.败不馁，胜不骄

保持一颗平常心对低调做人来说尤为关键。成而不傲永远保持清醒的大脑；失败亦坦然，静下心来总结原因与教训，以求来日再战。只有保持"胜不骄败不馁"的积极心态，才能永远立于不败之地。

2006年，中国田径队领军人物"东方飞人"刘翔在雅典举行的第10届世界杯田径赛男子110米栏的比赛中因起跑发挥失常，以13秒03的成绩屈居亚军。他的老对手、美国名将阿兰·约翰逊以他本赛季的最好成绩12秒96夺冠，报了2004年雅典奥运会上的一箭之仇。

不过在输给约翰逊之后，刘翔既没有表现出沮丧，也没有表现出不服气，更没有怨天尤人，仍然是一副笑脸。在赛后的新闻发布会上，刘翔对约翰逊给予了高度评价。他说，他还在少年时代，就经常在电视上看约翰逊比赛，那时根本不敢想象有朝一日能和他同场竞技。因此，败在这位前辈手下完全在情理之中。

刘翔说，110米栏项目现在是群雄并起的时代，任何人只要发挥正常，都可能会夺冠，也可能在不经意间打破世界纪录。因此，赛前他从来不给自己设定冠军目标，只希望自己能够发挥正常，跑出理想的成绩就行了。13秒03，虽然不是最好成绩，但他已经很满意了，毕竟这是他的第四好成绩。

新闻发布会临近尾声时，约翰逊因座椅不稳而险些摔倒，坐在旁边的刘翔立即伸手相助，随后约翰逊与刘翔握手表示感谢。同时，对于古巴新秀罗伯斯，在赛前和赛后的两次新闻发布会上，刘翔两次赞扬他、鼓励他，说他小小年纪就能突破 13 秒大关，前途不可限量。

刘翔如今正处运动生涯的高峰期，在世界 110 米栏项目上可谓中流砥柱，在田径界颇具大将风范。作为世界级的体育明星，行事低调的刘翔给人们留下了深刻的印象：尊老爱幼，对前辈推崇备至，对小辈的关怀无微不至；谦逊有礼、和蔼可亲；胜不骄、败不馁。

有这样一个经典的寓言故事：

在一个风景优美、繁密茂盛的森林里，居住着许多动物，不但有狮子、老虎、狼、狐狸等食肉动物，还有蚊子、蜘蛛这样的小生命。

有一只蚊子，它每天都在想："在这个王国中，狮子应该是百兽之王了吧，没有比它更有力更强大的动物了。只要我能把它打败，那么我将会成为森林大帝。"经过一番认真的准备，这只蚊子终于向狮王宣战了。它扇动着翅膀飞到狮子面前，对狮子说："狮子，我不怕你，你并不比我强大，不信，咱们较量较量。"可惜蚊子的声音太弱小，狮子根本没听见，仍在那儿悠然地闭目养神。蚊子见了，气得火冒三丈，用尽吃奶的劲儿对狮子喊道："你这只笨狮子，我们比试比试，看你有什么本事？是用爪子抓，还是用牙齿咬，我比你强得多。"说着蚊子吹着喇叭鼓足了力气向狮子冲去。

狮子这下可慌了，觉得脸上奇痒无比，睁大了眼睛瞧，还是看不清蚊子进攻的方向。蚊子恶狠狠地向狮子的脸上咬去，它专咬狮子鼻子周围没有毛的地方。狮子左躲右闪，用力晃动着头，张开血盆大口猛扑向蚊子，只是蚊子小巧灵活，狮子的嘴巴总是落空。气得它拼命挥动着爪子，一顿乱抓乱挠，尽管如此，还是没有捉住蚊子。蚊子高兴极了，向狮子威胁说："快认输，不然我咬死你。"狮

子从来没受过这个罪，它怒吼着扑向蚊子，不过很遗憾，又失败了。狮子气得哇哇乱叫，蚊子趁势又朝狮子发动了进攻，叮得狮子用爪子把自己的脸都抓破了。没办法，狮子落荒而逃。

"我赢了！"蚊子得意地吹着胜利的喇叭，唱起欢乐的凯歌飞走了，一边走一边喊："我战胜了狮子，我才是最了不起的，我要当森林之王。"蚊子得意忘形地飞着，完全忘了四周存在的危险，突然，它自己钻进了一个软软的东西中，身体被粘住了。它挣扎着，想要离开，但是越挣扎粘得越紧，这下它清醒了，原来自己被蜘蛛网粘住了。

一只蜘蛛凶光毕露地向它爬来，蚊子完全被胜利冲昏了头脑，并没有意识到自己的险境，它大声地对蜘蛛说："蜘蛛，我刚刚打败了狮子，你快放了我，我不屑和你打仗。"蜘蛛听了冷笑道："蚊子，你别白费气力了，不管你曾经打败过谁，现在都是我的俘虏，吃掉你易如反掌，你将成为一只蜘蛛的晚餐。"

蚊子最后叹息着说："我同最强大的动物都较量过，取得了辉煌的战果，没想到，却败在一只小小的蜘蛛手上。"

这个寓言故事告诫我们：山外有山人外有人，强中更有强中手。胜不骄败不馁，对一时的胜利要保持低调谦虚的态度，骄傲显摆只能落个惨败的下场。

【片言絮语】

一时的胜利只能说明过去，盲目地骄傲，忘乎所以，就会由胜利转化为失败，使自己吞食苦果；面对逆境时，也不能气馁，要用一颗平常心去面对它，要从中总结经验，发现失败的原因，从而改正缺点并激励自己。

5.莫让虚荣毁了自己

人肉凡胎，谁都希望博得他人的称赞和认可，这是人性的正常心理。然而，人们在获得了一定的认可后总是希望获得更多的赞扬。所以，人的一生就常常会走进为寻求他人认可的爱慕虚荣的误区而不可自拔。

刘国军原来是一个大集团的老板，可惜一时的决策失误，让自己的公司轰然破产。但是爱慕虚荣的他仍然极力维持原有的排场，唯恐别人看出他的失意。为了能重新东山再起，刘国军经常请人吃饭，拉拢关系。宴会时，他租用私家车去接宾客，并请了两个钟点工扮作女佣，佳肴一道道地端上，他以严厉的眼光制止自己久已不知肉味的孩子抢菜。虽然前一瓶酒尚未喝完他已砰地打开柜中最后一瓶 XO。当那些心里有数的客人酒足饭饱告辞离去时，每一个人都热烈地致谢，并露出同情的眼光，却没有一个人主动提出帮助。

人性的弱点决定了我们的某些缺陷，当别人拍自己的马屁时，我们的感觉都非常好。谁不愿意被人奉承、恭维呢？没有必要不允许人们这样做。他人的赞同本身并没有害处，事实上，谄媚使人感到愉悦。寻求他人的赞许只有在它成了一种必需而非一种渴望的时候才是一种误区，才成为一种爱慕虚荣的表现。但是，如果你陷入这种无法摆脱的虚荣之中，那么，一旦得不到它，你就会感到身价暴跌。这时候，自暴自弃的因素就会潜入进来。

同样，一旦征求他人的同意成了你的一种"必需"，那么你就把你自己的一大部分交给了"外人"。在爱慕虚荣心理的驱使下，为得到他人的认可，"外人"的任何主张你都必须听从，甚至在很小的事情上。如果"外人"不同意你，你就不敢轻举妄动。在这种情况下，虚荣心使得你选择的是让他人去申诉你的尊严或留给你面子。只有当他们给予你表扬时，你才会感觉良好。这种征得他人同意的虚荣心极其有害，但是，真正的麻烦随着事事必须请示他人而来。如果你果真携有这样一种虚荣心，那么，你的人生就注定会有许多痛苦和挫折。而且，你会感到自己的自我形象是软弱无力的，是没有社会地位的。

因此，从个人的幸福着想，你必须将这种征得他人同意的虚荣心从你的生命中根除掉。这种虚荣心是心理上的死胡同，绝不可能使你从中得到任何好处。要想在世上寻找一个毫无虚荣的人，就像要寻找一个内心毫不隐藏低劣感情的人一样困难。其实，它们之间是有联系的。虚荣，不过是人们想借它来遮掩他们低劣的心理罢了。

虚荣的圈子囊括整个世界，自古到今，人类的舞台都在演着虚荣的故事。白种人自夸他比全世界有色人种都优胜；男人自夸他比一切女人都荣幸；美国人向德国人自夸、德国人向波兰人吹牛、波兰人向匈牙利人逞强，而匈牙利人以为他们比蒙古人厉害；蒙古人也不肯示弱，因为他们的祖先曾经征服过中国；最后，中国人也提出自己的古代文明，自觉比崇拜机器和金钱的美国人实在高尚得多。

虚荣是一种特性，是取攻势而不是取守势的，所以虚荣的人，不但会拿利刃刺进自己的低劣感情，而且还会把利刃掉转头，去刺别的人；所以凡是虚荣的人，他们周围便都是他们的仇敌，因此他享受不到生活上互助的快乐。

生活中，人们由于虚荣原因引发的竞争悲剧，举不胜举，而虚荣的人能够永远维持他的虚荣的例子却屈指可数！凡虚荣的人，他总有一天，会和他的邻居、同事、老婆、儿女，甚至不知虚荣

为何物的自然界发生冲突，最后一败涂地。虚荣虽然可以自欺欺人，但它似乎欺骗不了自然，虚荣是反对自然的，它是与客观事实相矛盾的。

自古以来，许多哲学家、宗教家都曾提出警告，还加以道德的攻击，然而人类的虚荣之心，已经是根深蒂固，难以铲除的了。要想从根本上解决人类的虚荣问题，根本不在如何破坏它，而是在于如何改善它，诱导它走向有用的方面去。

【片言絮语】

低调做人就要剔除虚荣心对心灵的腐蚀。虚荣是最不现实、最靠不住的东西，若要从内心真正认识到它的危险性，必须从主观态度上弯下腰来，才能识破"虚荣"之真面目，也才能够更好地进行自我调节，从而培养积极的心态。

6.凡事顺其自然莫强求

低调做人，就应该把眼光放远一点，把世间一切看得开朗些。现实生活中，不如人意的事十有八九，为什么要去独自悲伤叹息呢！若一受挫折便心灰意冷，自暴自弃，怨天尤人，到头来最后一线希望也会随着破灭。

荣辱纷纷满眼前，不如安分且随缘。庄子在《南华经·内篇·大宗师》中说："古代的真人，不知道贪生，也不知道怕死。他出生

也不欣喜，人死也不拒绝，无拘无束地去了，自由自在地来了，死生对他也不过如此而已。不忘记自己的来源，也不追求自己的归宿，获得生命则欣然接受，失去生命也算归复自然。这就叫不用心智去损害道，不用人为去帮助天，这样的人就叫作真人。"仔细推敲，庄子的"不用心智去损害道，不用人为去帮助天"，也就是安时顺世，乐天知命。

从人的事业功绩上来看，虽然人力可以胜天命，命运能主宰人，然而功名富贵之中，也不能排斥几分机遇在里面。因此，一方面要努力"尽在于我"，另一方面遇上不如意、不得志时，要能"安守天命"。虽然努力去做，却也强求不得。有成就然而不狂喜，不得志、不成功也不忧郁，总是心存高远，不怨天尤人，安分守己，这样就对万事万物都能通达乐观。能做到这点，就不会违逆自然规律去做事。尤其是处于顺境时，把一切都看得淡泊，自然无忧无虑。

有诗曰："静里乾坤大，闲中日月长；若能安得分，都胜别思量。"罗洪先的诗也说："荣辱纷纷满眼前，不如安分且随缘；身贫少虑为清福，名重丘山长孽缘。谈饱尽堪充一饱，锦衣哪得几千年？世间最大惟生死，白玉黄金全枉然。"孟子曾经说过，天要把大任降临在某个人的身上，必先辛苦他的心志，劳累他的筋骨，饥饿他的肤体，空乏他的身形，使他去做别人不能做到的事。这种苦心苦意的所在，就是勉励人、鞭策人，不管处在哪种艰难困苦、颠沛流离的恶劣环境里，都不要灰心丧气，都不能曲折志向。

中国有句俗语说，"吃尽苦中苦，方为人上人"！人生要抱着通达乐观、安守天命、不自暴自弃的态度，始终以一往无前的气概去奋进。就是不如意，也能守道藏用，抱瑛待时而已。只要以通达乐观的态度去对待世事，去求取内心的充实，以知识、学问来安慰自我，还有什么看不开、想不通的呢？虽然为人总是要与金钱、地位、名誉、富贵发生大大小小的关系。而一个人对待富贵功名，总要以安天乐命为根本，不能强求。对于道德、学问，也要做到安天乐命，

力求强进。可见，安天乐命的责任尽在于自我，不在他人。当然，不能排斥时运与机遇充杂在中间。正如唐伯虎所说："人算不如天算巧，机心争似道心平。"在为人努力中，总须尽量息人算，息心机。这样，自然会有一片浑厚、圆融、祥和的气象，自然会清闲、自在、快乐。

邵尧夫在《省事吟》中说："虑少梦自少，言稀过也稀。帘垂知昼永，柳静觉风微。但见花开落，不闻人是非。何须寻洞府，度岁也应迟。"这个境界完全是一片自然的回音，完全是一种清闲、恬适祥和的气象。

从前孔子观看一种独特的器具装满水就倾倒，感慨而又叹息说："物器怎么能有不能盈满的道理呢？"子路进来说："请问有把它装满的方法吗？"孔子感慨地说："装满时，它就倾倒了。"子路说："那又怎么样？"孔子说："聪明睿智，就守住愚笨；功盖天下，就守住退让；勇力振世，就守住怯懦；富甲天下，就守住谦下，这就是减损再减损的道理。"孔子的教导，与老子的观念基本上没有差别。

【片言絮语】

先人有良言："事不可做尽，势不可用尽，话不可说尽，福不可享尽。凡事不尽处，则意味深长。"尽就达到了极，极就要回返，这是诫居满、居极的宗旨。低调做人就要懂得顺其自然不强求世事的哲理。

7.失意不失态，做个输得起的人

成功是每个人所追求的目标，但人人都有可能遭遇失败。人生在失败后，最重要的是做个输得起的人。怨天尤人并不会带来好运，失败后仍要保持风度，卧薪尝胆，以图东山再起才是人生正道。

在 2006 年 1 月 20 日，Nike 公司组织的冬奥会中国短道速滑队两选手见面过程中，当展示新比赛服前臂上的图案时，大家看到有"速战"两字，有人问韩国队的这一款比赛服这个位置是什么字，一位记者开了句玩笑："速败。"中国选手王濛并没有觉得开心，而是沉静地说："要尊重对手。"

王濛的这一反应颇有胸怀宽阔的大将风度，充满了理性。也许很多人都记得王濛在十运会短道速滑比赛中怒发脾气的一幕，如今这段经历成了她深刻的教训："无论遇到什么情况，都要自我控制，失意不失态，要比出运动精神，要做一个赢得起也输得起的人。"

在多年交锋中，韩国队这个顽强而有时并不太讨人喜欢的对手令人矛盾重重。不过，王濛却把它摆在了值得学习的位置上："要学习他们打不垮的精神。即使一项失误了，还有第二项，决不能放弃。"

每个运动员都希望在竞技舞台上赢得比赛，获得奖杯，这是人之常情。同样，输了比赛王濛也会摔头盔，会生气，但她只跟自己

生气："为啥没比好？为啥练得不好？"不开心，就跟自己较劲。她现在决不会迁怒于人，而是勇敢地从自身找原因。她在接受记者采访的时候说："一次的失败不要紧，我要更加地刻苦训练在场上征服对手，证明自己，才是我最应该做的事情。"

本赛季的一站世界杯赛500米决赛，王濛抽签的道次是第四道，就是最外侧的赛道，起跑最差的位置。但她通过逐步超越，终于夺得冠军。当滑过终点线后，保加利亚速度很快的选手拉丹诺娃和韩国队选手都由衷地跟她击掌，对她的胜利表示祝贺和钦佩。这一幕，让王濛久久不能平静："只有靠过硬的能力获得胜利，才能赢得所有人的尊重。"

这次经历深深印在王濛心里，也修正着她以往急躁、输不起的毛病。一个运动员的成功，甚至于伟大，不仅由于他的成就，还由于他的完美的心态和人格的魅力。

不管是在做人上，亦或是在创业上，我们要具备输得起的度量和胸怀。对于在创业初期或创业的过程中帮助过你的人，一定要诚恳、真挚地对待他们，尤其是那些给你提供了创业资金的人们。在你失败的时候千万不要躲避他们，也不要隐瞒他们，更不要欺骗他们。如实地把你的境况告诉他们，求得他们对你的理解，他们即便不能原谅你也不必生气。承认你对他们的负债，并且承诺他们的债权永远有效，在你有能力时一定分期偿还，请求他们的理解是你渡过创业失败难关的第一关。

请清醒明白的朋友来帮助你分析你目前的处境并提供对策，再冷静的创业者在这种时候往往也不能清醒地对待自己的处境，因为你是当事人，"不识庐山真面目，只缘身在此山中"，这种失败的结果正是由于你的失误操作而造成的，在这个时候，你要听从亲友的劝告，从中找到经验教训。这时候你必须面对严酷的现实。固定资产、现金、商标、专利、土地、专有技术、公共关系、客户，这些都是创业者的资源。这些资源中有价值的内容正是你可以翻身再创

业的前提条件，在失败的创业者头脑中必须非常清楚，资源的重新组合就是你再创业的前期投入。

其实你也不用急于去反思失败的原因，因为这个时间你在未来的几个月或数年中有的是。一次创业失败后一般不可能马上就有再创业的机会，也许几个月，也许几年内都会使你没有机会，这是最最可怕的事。"屋漏偏逢连阴雨，船破更遇顶头风"，可见，再次创业艰难之至。所以，你应当在最短的时间里控制住你的情绪，学习新的创业理论和别人的成功经验，以及学习你能够掌握的新的知识，这将有助于你开始新的创业实践。能够抓住机会的人，一定是不断充实和改造自己的知识结构，并对商品有敏锐视觉的人。

当机会来临时，有人看不见，有人看得见抓不到，有人看见了也抓到了，有人看见了抓到了也把机会变成了金钱，希望你是最后一种人。

只要有输得起的度量和勇气，就终会有成功崛起的那一天。人生最大的失败是不愿去尝试。尝试，就可能会失败，可能是遗恨千古的失败。而人类的进步，就是用无数次前赴后继的尝试所铸成的。尝试，可以是大到社会的变革，可以是小到幼儿的学步。其实，每一个人生来都具备尝试的素质，英雄如此，百姓也是如此，只是后来我们背上了各种各样的包袱，在胜败里就称出了各种各样的分量。

大千世界，芸芸众生，所有的人都在为一个字奋斗——赢。赢得起的人很多，可又有多少人输得起呢？做一个输得起的人吧，以坚定不移的意志、正确的努力方法，成功女神终将会眷顾你。

【片言絮语】

大风大浪走过多回，历数了无数对手之后，却输给了自己。就因为你输不起，挫败感抽走了你的信心和勇气，留给你的只是一个空虚的躯壳。我们要做的是，懂得从昨日的辉煌中重新汲取营养，振奋自我才是关键。

8.泰然面对逆耳之言

在社会交往中，当听到逆耳之言的时候，该如何处理？当你受到别人无理的谩骂，你该如何作出反应？只要你知道任何人都不是完美的，或多或少都有自己的缺点，不能用十全十美的标准去要求别人，就明白该怎么面对了。

当逆耳之言向你袭来的时候，正是考验你做人修养和处世态度的时候。当然，你如果能做到处之泰然是最好的了。可事实上人们又往往不能做到这一点，因为逆耳之言会在你的内心激起强烈的反应，这种反应又会表现在你的面部表情上。应该说这种内心和外表的变化都是正常的，但是这种变化应该有个限度，这种限度就是一个人的分寸感、素质、修养的结合体。应该把这种限度控制在一定的情理范围之内，如果超出这个范围，就是表现失常，这种失常的表现就是失态了。

一个人的失态往往是在感情冲动的情况下发生的，严重者会失去自控能力。这些都是在社交场合应竭力避免的。听到逆耳之言，感情一冲动，一失态，紧跟而来的就可能是会失言。失言就可能引起激烈的争论，使矛盾升级，这样很容易伤害对方的感情，同时也造成自伤。建立相互信任难，破坏这种信任却很容易，而要重新建立就更难了。在人为地造成尴尬的局面时，应以一种相互谅解和理解的方式进行沟通。听到逆耳之言时，应冷静地多想想对方的话是

否有根据，应采取一种得体的方式作答。

失态、失言必然会带来失礼。平心而论，对你提出意见和看法，本身就是对你的一种尊重，你应该对他表示感谢。至于对你有某些误解，你可以通过努力去改变和消除，如此方显大度，不失礼于人。

一个人有没有气度，只要观察一下他们在挨骂之后的表现就足够了。气度小的人，一般来说，都是闻骂则怒，暴跳如雷，甚至大打出手。气度大的人，断不会如此，无论对方骂得是否有理。在这方面，武则天令人佩服。

武则天称帝之后，引起一些地方官员起兵反对，其中有一位名将徐敬业在扬州发难。随其起兵的著名文人骆宾王起草了一篇《讨武氏檄》，列举武则天二十大罪状，痛骂武则天。武则天见了檄文，非但未动怒，不以"犯上"治罪，反而十分赏识檄文作者的才华。

"九·一八"事变之后，张学良奉蒋介石之命，带数十万东北军撤退入关，张学良代人受过，背上"不抵抗将军"之名，蛰居北京。一次，他过生日，有娱乐节目助兴。其中有一对相声艺人表演《断臂说书》，讲的是陆文龙归宋的故事。其中有几句唱词道："如今的人不如他，杀父之仇不记在心下，反把仇人认做自家。"这时，甲演员问乙演员："所指何人？"乙演员答道："我指的是他。"随即把手指向座位上的张学良。举座皆惊。张学良闻听，一怔，随后失声痛哭，离席而去。后来有人向张学良提出应追究那两个胆敢当众骂少帅的艺人，张学良却坦然道："不必了，他们说的是实话嘛。"上述几例都是骂得有理的，被骂者隐忍不发（有的甚至反躬自省），尚可理解，若是对方骂得无理，被骂者还能坦然处之，那可更显其博大的襟怀了。

有关林肯的两个事例，一定会更让你油然心生敬佩了。

有一天，林肯和儿子罗伯特乘车去上街，不想街道被路过的军队堵塞了。林肯打开车门，踏出一只脚，问一个行人："这是什么？"意思是哪支军队。那人以为他不认识军队，便鄙夷地答道：

"联邦的军队，你真是个大笨蛋！"林肯说了声"谢谢"。关闭了车门，他严肃地对儿子说："有人在你面前说实话，这是一种幸福。"

还有一次，林肯问一个在陆军部大楼前徘徊的小伙子在干什么，小伙子回答："我在前方打仗受了伤，他们不理我，那狗娘养的林肯现在也不来管我了。"林肯问："你有证件吗？我是律师，看你的证件是否有效。"小伙子递过证件，林肯看完后说："你到308号房间，找安东尼先生，他会帮助你办理一切的。"

你瞧，多有意思，无端挨了臭骂，不但不恼，还说"谢谢"，认为听到了真话，还感到幸福，并且真心实意地帮助骂人者排忧解难。林肯的这两则反映言行的小故事，鲜明地显示出他的修养和气度。

【片言絮语】

为人处世，要以低调的心态坦然地对待逆耳之言，要学会控制自己的感情，不能意气用事，这样才能不失自己的风度。面对逆言，用你的大度和胸襟去面对和尊重对方，你不仅能赢得友谊更能赢得人心。

9.荣辱毁誉不上心头

低调做人就要把荣誉看得很淡，甘做所谓"荣辱毁誉不上心"的清闲人、散淡者。对客观的、外在的出身、家世、钱财、生死、容貌都看得很淡泊，追求精神的超逸、洒脱。

大多数人都渴望和追求荣誉、地位、面子，为拥有它而自豪、幸福；人不情愿受辱，为反抗屈辱甚至可以生命为代价。所以，现实人生便出现了各种各样争取荣誉的人，形形色色的反抗屈辱的勇者和斗士；也有为争宠、争荣不惜出卖灵魂、丧失人格的势利小人。

庄子曰："荣辱立然后睹所病。"其意是说，人们心中有了荣辱的念头之后，就可以看到种种忧心的事情。过分关心个人的荣辱得失，就只能忧虑烦恼，无以摆脱。他在《徐元鬼》中说："钱财不积则贪者忧；权势不尤则夸者悲；势物之徒乐变。"大意是说，追求钱财的人因钱财物积累不多而忧愁系心、永不满足；追求地位的人常因职位还不高而暗自悲伤；迷恋权势的人，特别喜欢社会动荡，以便从中扩大自己的权势。

同时庄子也从正面阐述其观点，他说："不为轩冕肆志，不为穷约趋俗，其乐彼与此同，故无忧而已矣。"大意是，不追求官爵的人，不因为高官厚禄而喜不自禁，不因为前途无望穷困贫乏而随波逐流，趋势媚俗，荣辱面前一样达观，所以他也就无所谓忧愁。所

以庄子主张"至誉无誉"。也就是说，在他看来最大的荣誉就是没有荣誉，把荣誉看得很淡很轻，地位、声望都算不得什么，即使行善做好事也不要留名。

《庄子·刻意》篇中又讲："就薮泽，处闲旷，钓鱼闲处，无为而已矣。此江海之士，避也之人，闲暇者之所好也。"这里，庄子又列举了几种人士：隐居江海的人，与世无争、逃避世事的人，清闲悠暇的人。这些人也没有什么荣辱毁誉的强烈愿望或忌讳。所以栖身山林江湖，流浪旷野荒原，每日垂钓，闲散度日。这正是道家的处世态度，顺其自然。

在同一篇中，庄子讲了闲散居士的好处："平易恬淡，则忧患不能入，邪气不能袭。"追求恬淡的人，不会患得患失，斤斤计较，没有强烈的物欲，邪恶就不会侵袭他的身心。尽管庄子的"无欲"、"无誉"观有许多偏激之处，但当人们为金钱所诱惑，为官爵所累的时候，何不从庄子他老人家的训导中发掘一点值得效法和借鉴的东西呢？

"知足不辱，知止不殆"，《老子·四十六章》所说的这句话就是告诫人们要懂得荣辱的分寸。知道满足就不会受辱，知道适可而止，就不会遭遇不幸。又说："祸莫大于不知足，咎莫大于欲得。"不知足是最大的祸患，贪得无厌是最大的罪过。把钱财物、家世、容貌视为荣辱标准的人，一般都不知足，越有越想有，越有欲望越盛；欲望太盛，就会生出邪念，为拥有更多的财权欲而不择手段。由敬财、爱财而贪财、聚财、敛财，甚至于见钱眼开、巧取豪夺、唯利是图、谋财害命。其结果，必是既"辱"且"殆"。

特别是 21 世纪的今天，市场经济大潮的冲击如此猛烈，社会竞争日趋激烈，市场犹如战场，人生的绝大部分时间或主动或被动地投入到竞争和角逐之中去，生活从未像现在这样为人们提供了这么多可选择的机会，也从未像今天这样给人们精神上、心理上带来巨大的压力。顺其自然，会在你失衡时，甚至绝望时为你调节心

态，起死回生，重建人生信念，重新开始人生新的生活，塑造新的
自我。

【片言絮语】

　　如果你看淡荣辱，笃定淡泊人生，便可以自我超越。
即使成不了大气候，干不出轰轰烈烈的壮举，至少在精神
上也能获得某种轻松和洒脱。

10.不做荣禄的奴隶

　　达·芬奇曾说："美德的荣誉比财富的荣誉不知大多少
倍。"传统的荣誉观显然是重德轻财的。其实这与主张以人格
高下来鉴定荣辱的观念是相通的。能上能下、宠辱不计才是
正确的人生观。

　　如何看待荣辱，有什么样的人生观自然会有什么样的荣辱观。
荣辱观是一个人人生观、处世态度的重要体现。有人以出身显赫为
荣，公侯伯子男，讲究某某"世家"、某某"后裔"。在商品经济社
会里，荣辱则以钱财多寡为标准。所谓"财大气粗"、"有钱能使鬼
推磨"、"金钱是阳光，照到哪里哪里亮"，以及"死生无命，荣辱
在钱"、"有啥别有病，没啥别没钱"等等俗话正是揭示了以钱财划
分荣辱的标准。

　　现实生活中人们的荣辱观确实在金钱诱惑下发生了变异、动摇、

失落。还有一种是"以貌取人"，把一个人的容貌、长相、风度视为划分荣辱的标准。以家世、钱财、容貌来划分荣辱毁誉的人，尽管具体标准不同，但其着眼点、思想方法都是一致的。他们都是从纯客观、外在的条件出发，并把这些看成是永恒不变的财富，而忽视了主观的、内在的、可变的因素，导致了极端、片面的形而上学错误，结果是既害己，又害人。

不分荣辱，不分是非，人心如此，社会岂不大乱！一个人，当你凭自己的努力、实干，靠自己的聪明才智获得了应得的荣誉、奖赏、爱戴、夸耀时，应该保持清醒的头脑，有自知之明，切莫受宠若惊，飘飘然，自觉霞光万道，所谓"给点阳光就觉灿烂"。当前社会上有一种人，也肯于辛勤耕耘，但却经不住玫瑰花的诱惑，有了点荣誉、地位，就沾沾自喜，飘飘欲仙，甚至以此为资本，争这要那，不能自持。还有些人"一人得道，鸡犬升天"，居官自傲，横行乡里，他活着就不让别人过得好。这些人是被名誉地位冲昏了头脑，忘乎所以了。

功名利禄，得而失之，失而复得，这种情况都是经常发生的，意识到一切都可能因时空转换而发生变化，就能够把功名利禄看淡看轻看开些。有的人在荣誉宠禄面前也许能经得起考验，但他未必能经受得住屈辱和打击。所谓"富贵不能淫，威武不能屈"，"宁为玉碎，不为瓦全"，"士可杀不可辱"等，都是对古往今来那些豪杰英雄的赞美。

面对邪恶，为了正义，宁死不屈，以死论证伟大的人生，高尚的人格，这就是至高无上的荣誉，但在特殊情况下，"忍辱"也是为了真理和正义，为了更多的人赢得荣誉。这就是"忍辱负重"。众所周知的《红岩》中的华子良，装疯卖傻那么多年，遭到敌人侮辱，也遭到自己同志的轻蔑，为的就是要在关键时刻营救战友。这种人确实是非同常人，是凡夫俗子望尘莫及的，其荣辱观同样伟大高尚。

低调做人拒绝做荣禄的奴隶，要以平静的心态静观荣辱得失。

《老子·持盈章》议论说："一个人成就了功业、建立了名望，就应该含藏收敛，这是符合自然规律的。就好像太阳到了中天就会斜，月亮圆了就会缺，事物达至鼎盛就会走向衰亡，这是千百年不变的真理，是自然界的普遍法则。《孟子》一书中说：可以隐居则隐居，可以出仕则出仕，孔子是这么做的，所以说孔子是能够审时度势的圣人。

西汉人疏广，字仲翁，东海人，任太子太傅。疏广哥哥的儿子疏受，任太子少傅。任职 5 年后，疏广对疏受说："我听人说过，知道满足的人不会受到侮辱，知道满足的人不会遭受危险，成就了功名隐退，这是合于规律的。现在已功成名就，若不离开，恐怕会后悔的。"于是，以身体有病为名向皇帝上书请求回家安度晚年。皇帝都同意了，并赐给他们黄金 20 斤，太子赐给他们黄金 50 斤。大臣和朋友们在京城外举行送别仪式，送他的共有 100 多辆车子。路上看热闹的人都说："这两个大夫，真是贤明的人。"

唐人权泉，字子由，也是一个不贪官禄的人。他曾考进士及第，安禄山请他做幕僚。权泉知道安禄山将造反，又因为这个人好猜忌，就想离开，但担心父母被连累。天宝十四年，安禄山派他到京城献俘虏。他乘机拜访福昌尉仲漠，并私下约定用有病的借口找他。仲漠到后，权泉突然说不出话来，眼睛直视仲漠而"死"。仲漠为他料理了丧事，权泉偷偷地逃逸而去。官吏拿着诏书告诉他母亲，母亲以为他真的死了，便大哭起来，过路人都被她感动了。权泉不在家里等着，日夜往南逃，渡江之后，安禄山果然造反了。天下的权要人物都听说了权泉这个人，争着要让他在自己的手下做官，后来颜真卿推荐他为行军司马，皇帝委任他起盾舍人，他都推辞不做。

以上的古人可谓明智，他们或是择主而仕，或是退而归隐，或是功成身退，都是具有荣禄之忍的人。人对于功名利禄不可以过分地去追求。应该知道这一切不过是过眼烟云，要把功名利禄看得淡一些，再淡一些，那样世上将会少多少妒忌之语，诽谤之为，又将

会少多少仇杀纷争之乱？人不可能一生都是处在高位，享受荣华富贵，应该明白权多势重，也会导致不必要的麻烦。

【片言絮语】

《庄子·秋水》篇中有言道："得而不喜，失而不忧；知分之无常也。"得到了荣誉、宠禄不必狂喜狂欢，失去了也不必耿耿于怀、忧愁哀伤。这里面有一个哲理，即得失是没有一定的，两者界限不会永远不变。

11.乐于忘怀是做人的大智慧

乐于忘怀是一种心理平衡。有人说：生气是拿别人的错误惩罚自己。总是记起别人的坏处，实际上深受其害的是自己的心灵。乐于忘怀是低调做人的一大特征，把过去的失败和荣耀当作过眼烟云，才可甩掉沉重的包袱，大踏步地前进。

低调做人，培养积极的做人态度，一定要学习忘怀之道。一个人拿得起是一种勇气，放得下是一种度量。一个人本来具有充沛的活力，但因为某些心理压力，如在意荣誉、失败、挫折等等，渐渐形成情绪问题。有时反应暴躁，有时反应迟缓，导致心灰意懒，半途而废。忘怀之道，可以使我们真正放下心中的烦恼和不平衡的情绪。让我们在失意之余，有机会喘一口气，恢复体力；得意之时，我们能静下心来总结成功的经验。

　　痛苦和失败总是让人刻苦铭心，要把惨痛的往事忘怀，是一件很难办到的事情。比如在公司有人挤兑你，使你无法加薪，失去升职的机会，此刻，你见之恨不得剥其皮，抽其筋，戮其肉，剁其骨，叫你如何忘怀呢？托尔斯泰认为，我们能够爱恨我们的人，但无法爱我们恨的人。爱是生命的动力，恨也可以成为生命的动力。向所恨之人报复，而不是忘怀，也可以激人奋发图强。文王姬昌、越王勾践就是因恨而建立国家成就大业的典型。

　　乐于忘怀，不但要忘怀不愉快的往事，还要放下沾沾自喜自鸣得意的情绪。正所谓"得意不忘形，失意不失态"。因为那些情绪，往往陷你于虚妄之中不可自拔。从心理学角度看，无论你惦记的是快乐的往事或悲愁憎恨，长期生活在过去的记忆里，就要与现实脱节，它会严重威胁你的心理健康和心智的发展。

　　康德是一位懂得忘怀之道的人，当有一天发现他最信赖又依靠的仆人兰佩，一直在有计划地偷盗他的财物时，便把他辞退了。但康德又十分怀念他。于是，他在日记上写下悲伤的一行："记住要忘掉兰佩。"真正说来，一个人并不那么容易忘掉伤心的往事。不过，当它浮现出来时，我们必须懂得不陷于悲不自胜的情绪，必须提防自己再度陷入愤恨、恐惧和无助的哀愁里。这时，最好的方法就是扭转念头去专心做事，计划未来，或者去运动、旅行。

　　如果你身在高位，你可能会感觉眼前的一切都是那么美好。有许多人说一些好话恭维你，使你如云里雾中，有一种飘飘然的感觉。可是在眼前一片美景的同时，你也需要提防随时会出现的危险，要有较强的心理应变能力，对突发事件要有足够的心理准备。那么，对意外失败的降临，你也会从容应付，避免手足无措。

　　低调做人，就应该具备"宠辱不惊"的心态和修为，不管风云如何变幻，形势如何急转直下，你都不要大喜大悲，不要让情绪随着事物的变化而发生起伏。不管风风雨雨，坎坎坷坷，你都要镇定自若，大步向前。即使发生了令你悲伤和欢乐的事情，也不要影响

你正在做的事情。在失败与成功的交织中，应一步一个脚印地走好自己的人生之路。要敢于战胜暂时的困难和挫折，不管摆在你眼前的阻碍多么大，不管你接过的是一个多么破败不堪的摊子，你都不能有半点儿气馁和灰心。虽然这说起来容易，做起来却很难，但你要知道，有志者事竟成。

低调做人就要对自己时时加以鞭策，加以激励。虽然涉世未深之时人本身所固有的张扬的个性品质，会在生活的潮流中渐渐磨平，失去原来的棱角，从而，使你成为人人都乐于接受的人，但是，我们也不能失去做人的原则和宗旨，一些本色的东西仍然需要保存，因为这也正是你的特点所在。

月有阴晴圆缺，人有旦夕祸福，这是不可避免的，关键是看我们如何对待，如何去化解。

就像是在马拉松比赛中，在最后几公里的时候，你已领先了对手几十米的距离，但这时你已经是精疲力尽，突然间的松懈或者是疏忽，你身体失去了重心，栽倒在地面上，过度的劳累和突如其来的不测，使你彻底泄了气，丧失了爬起来再继续跑到终点的信心。优势因为你的一念之差化作了劣势，如果你过后重新清醒地想一想，肯定会追悔。不去忘怀自己已经获得的成功而松懈，无疑是失败的主要原因。

【片言絮语】

乐于忘怀一身轻，把成功、荣誉、痛苦、失败都看淡看轻，我们才能有轻松的氛围和奋起的空间，在这样的氛围之中，大脑才可以尽情地运转，我们的能力才可以得到更好的发挥。

12.不以物喜，不以己悲

　　世上有走不完的路，也有过不了的河。遇到过不了的河掉头而回，这也是一种智慧。但真正的智慧还是不要因为小挫折而灰心丧气，最后影响了你的人生脚步。

　　战国时代，在长城外住了一位老翁。有一天，老翁家里养的一匹马无缘无故走失了。在塞外，马是负重的主要工具，所以，邻居都来安慰他。这位老翁却很不在乎地说："这件事未必不是福气！"过了几个月，走失的那匹马居然带了一匹胡人的骏马回家，这真正是赚了，邻居都来庆贺。这位老翁却说："这未必不是祸！"几个月后，老翁的儿子骑这匹胡马摔断了大腿骨，邻居们在佩服老翁的料事如神之余也赶来慰问。而这位老翁却毫不在意地说："这倒未必不是福！"事隔半年，胡人入侵，壮丁统统被征调当兵，战死沙场者十之八九，而老翁的儿子却因为摔断了一条腿免役而保住一命。

　　塞外老翁这种透过长远时空、利弊并重的思考问题的方式，自然产生"不以物喜，不以己悲"的平常心，遂成为中国传统文化中睿智的典型。这种平常心带来了生活中的和谐，宽容心不也是如此吗？

　　一位留学美国的中国学生和朋友谈起了自己看问题视野的变化。

由于小学成绩优秀，他考上了县城的中学。他发现自己再不能像在小学时那样稳拿第一了，于是产生了嫉妒：比自己好的同学原来都有六棱好铅笔，自己却没有，天道不公啊！经过几年的苦读，他居然又成为县中学的第一了。而他又觉得：人与人之间还是不平等的，为什么自己没有好钢笔呢？

中学毕业后，他考上了北京的某所大学，可好景不长，他的学习成绩连中等也保不住了。看到城里的同学是好铅笔成堆，好钢笔成把，早上蛋糕牛奶，晚上香茶水果，想想自己，早上一个窝头还舍不得吃完，还要给晚上留一半。"合理"又从何谈起呢？

五年后，他留学到美国，亲眼看到了五光十色的西方世界，所有的嫉妒、自卑、怨恨却忽然一扫而光了。原来自己选取的比较标准发生了变化，看到的不再是自己的同学、同事和邻居，而是整个世界。

有的人在蜗牛角上打架，有的人携手在太空漫步。坐井观天的争斗只有一个结果，就是固步自封。当你转换一个视角再看问题时，你有可能发现一个全新的世界。

这个世界上只有一件事是最重要的，那就是自己得瞧得起自己，至于别人怎么说怎么认为反而是一件无足轻重的小事。

生活中如此，工作上也一样，只要好好干，是金子总会发光的。可是，当我们面对生活的挫折和不平坦的路程的时候，我们却常常把自身贬低。

姚兴原来在某公司的营销部当经理。一天他突然接到人事部门的调令，调他去供应部当经理。在公司，供应部的地位哪里比得上营销部呢？姚兴心想如此一调，不就是明摆着对自己不满意嘛，看来前途不妙。以前姚兴从事销售工作，整天往外跑，很合乎他的个性，如今，要他整天呆在办公室里搞物资调动，和那些器材报表打交道，实在是有些受不了。

开始的时候，姚兴一直闷闷不乐，心灰意冷。后来他自己忽然

想到一个问题：为什么我以前对自己信心十足，当上了供应部经理后就没有了呢？他思之再三，突然醒悟过来："这是因为我自己的期待值无形中随着部门的调动而降低了，我失去了自我上进的动力。"于是，他开始把精力投入新的工作，慢慢地发现供应部也有自己的用武之地。而且，供应部对整个公司来说，起着举足轻重的作用，只是大家平时把它忽略了而已。姚兴重新找到了"工作的意义"，一改以往消极拖沓的作风，变得充满自信，工作起来如鱼得水，得心应手。他的积极态度也感染了下属。由于他出色的工作成绩，供应部获得总公司颁发的两次特别奖金。不久，姚兴收到一张人事调令，他被提升为公司的副总经理。

从这个故事中，我们看到了：其实在生活中，我们应该保持一种适应环境、改造环境的积极心态，而不要一味地在自己的消极意志中沉寂下去。

当然，有些时候我们不可能完全如意地挑选那些又重要又体面的工作，很可能要被动地接受一些工作安排。这时候要心中清楚：不要让自己降低标准去适应工作，而应按自己的才华提升工作标准，不要干削足适履的傻事。

现在提倡建设和谐社会，可是和谐又从何而来？往往是我们以一种好的心态去待人接物，无论是生活还是工作，和谐便至。我们更应好好珍惜这难得的和谐。

【片言絮语】

低调做人就要拥有一个良好的心态，去面对人生旅途中的得与失。历览古今，抱定"不以物喜，不以己悲"这样一种生活信念的人，最终都实现了人生的突围和超越。

第六章
低调务实，少说多干最自在

　　低调务实是一种修养，也是一种对人生的理解，其中蕴含着诸多值得品味的哲理。低调务实就是要把自己调整到一个合理的心态，踏踏实实做人、认认真真做事，持之以恒谋发展，不要将精力、物力浪费在一些没有实际意义的事情上。唯有如此，才能少麻烦、多做事、快见效。

DiDiaoZuoRen
BuChiKui

1.祸从口出，谨开言慢开口

"病从口入，祸从口出。"内精明而外浑厚，不该多说的时候少说，该说的时候要慎说。把这种处世哲学弄懂、搞明白，才能使自己免遭不测。

南北朝时期，贺若敦为晋的大将。他自以为功高才大，不甘心居于同僚们之下，看到别人做了大将军，唯独自己没有被晋升，心中十分不服气，口中多有抱怨之词，决心好好干它一场。不久，他奉调参加讨伐平湘洲战役，打了个胜仗之后，全军凯旋。这应该算是为国家又立了一大功吧，他自以为此次必然要受到封赏，不料由于种种原因，反而被撤掉了原来的职务，为此他大为不满，大发怨言。

这些怨言被晋公宇文护听了以后，十分震怒，把他从中州刺史任上调回来，迫使他自杀。临死之前他对儿子贺若弼说："我有志平定江南，为国效力，而今未能实现，你一定要继承我的遗志。我是因为这舌头把命都丢了，这个教训你不能不记住呀！"说完了，便拿起锥子，狠狠地刺破了儿子的舌头，想让他记住这血的教训。

若干年后，贺若弼也做了隋朝的右领大将军，他没有记住父亲的教训，常常为自己的官位比他人低而怨声不断。自认为当个宰相也是应该的。不久，还不如他的杨素却做了尚书右仆射，而他仍为

将军，未被提拔，他气不打一处来，不满的情绪和怨言便时常流露出来。后来一些话传到了皇帝耳朵里，贺若弼被逮捕下狱。

隋朝当时的皇帝杨坚责备他说："你这个人有三太猛：嫉妒心太猛，自以为别人不是的心太猛，随口胡说目无长官的心太猛。"因为他有功，不久也就放了。可是，他并没有吸取教训，又对其他人夸耀他和皇太子之间的关系，说："皇太子杨勇跟我之间，情谊亲切，连高度的机密，也都对我附耳相告，言无不尽。"后来杨勇在隋文帝那里失势，杨广取而代之为皇太子，贺若弼的处境可想而知。隋文帝得知他又在那里大放厥词，就把他召来说："我用高颖、杨素为宰相，你多次在众人面前放肆地说'这两个人只会吃饭，什么也不会干'，这是什么意思？言外之意是我皇帝也是废物不成？"这时因贺若弼言语不慎，得罪了不少人，朝中一些公卿大臣怕受株连，都揭发他过去说的那些对朝廷不满的话，并声称他罪当处死。

隋文帝见了，对贺若弼说："大臣们对你都十分的厌烦，要求严格执行法度，你自己寻思可有活命的道理？"贺若弼辩解说："我曾凭陛下神威，率八千兵渡长江活捉了陈叔宝，希望能看在过去的功劳的份上，给我留条活命吧！"隋文帝说："你将出征陈国时，对高颖说：'陈叔宝被削平，我们这些功臣会不会飞鸟尽，良弓藏？'高颖对你说：'我向你保证，皇上绝对不会这样。'是吧？等到消灭了陈叔宝，你就要求当内史，又要求当仆射。这一切功劳过去我已格外重赏了，何必再提呢？"

贺若弼说："我确实蒙受陛下格外的重赏，今天还希望格外地赏我活命。"此时，他再也不攻击别人了。隋文帝考虑了一些日子，念他劳苦功高，只把他的官职撤消了。

父子两代人，同样是因言多而坏事，所以要忍那些不该讲的话，以免招致不必要的祸端。

清朝光绪年间两宫皇太后垂帘听政。慈禧常单独召见大臣，有

事不与慈安太后商量，慈安太后颇为不平。1881年初，慈禧忽然得了重病，征集中外名医治疗都没有效果。后来用产后疏导补养的药治疗，竟"奏效如神"。于是慈安太后知道慈禧失德不检，便以庆贺慈禧康复为名，在钟粹宫摆下酒席，和慈禧共饮。

酒过三巡，慈安太后让左右的人下去后，就谈起咸丰晚年的事，说："20多年来两宫相处还算好，有一件事情想和妹妹说了，请妹妹看一件东西。"慈安说着起身从一个匣子里拿出一卷黄绫纸来。原来是咸丰帝临终写给慈安太后的手谕，大意说若此后那拉氏不安分，可出示此诏命大臣把她除掉。慈禧听后脸色大变。慈安太后完全出于好心告知慈禧此事，想借此遗诏规劝慈禧今后处处须检点。为了不使慈禧猜忌，慈安当场索回遗诏，在蜡烛上烧了，说："此纸已无用，焚之大佳。"慈禧表面感激涕零，暗中心怀鬼胎。不久，慈安太后患感冒，当晚就死了，事实上是被慈禧所毒死的。

像慈安一样因说话不慎招致杀身之祸的人还很多，沈德潜也是一个非常著名的例子。

清代著名诗人和诗评家沈德潜，做过礼部尚书，生前深得乾隆帝恩宠，乾隆帝南巡时喜欢到处题诗，每有所作，常常令沈氏润色，甚至由沈氏代为捉刀。沈氏为了炫耀自己，常对诗友说某首御制诗是他改的，某首诗是他代写的，甚至把代乾隆所作的诗收入自己的诗集，这样便得罪了皇帝。后来因为沈氏《咏黑牡丹诗》中有"夺朱非正色，异种也称王"的句子把他抓了起来。死后剖棺碎尸。文字狱是中国帝王的一大法宝，这多少也跟传统文人一面自视清高，一面也离不开帝王的恩宠有关，牢骚满腹，昭示于言辞，或矫情夸耀，不知世情之险恶。

在生活中，常常可以看见一些说话不分场合的人。这样的人不知道，有些事可以公开谈，有些事只能私下说。他们通常都是好人，没有心机，但是常常会引起始料不及的后果，给自己带来伤害。所

以，必须随时为自己竖立警告标示，给自己的嘴巴安个把门的，随时提醒自己，什么可以说，什么不能说，以免惹祸上身。

【片言絮语】

古人说："讷为君子，寡为小人。"祸从口出并不是不让人们说话，而是告诫人们讲话一定要谨慎，常言说："言多必失，谨开言、慢开口。"会说话的想着说，不会说话的抢着说。开口说话要动脑筋，要看讲话对象，为什么要说话？应该怎样开口？都有一定的学问。

2.说话力戒直来直去，以免伤人又害己

与人相处说话时要力戒直来直去、争强好胜，不给对方留有余地的结果是伤人又害己。有时率直未必就受到欢迎，忠言未必就逆耳，把话说得委婉一些，给人留足面子，搭好台阶，就容易达到事半功倍的效果。

曾国藩在今人眼中似乎是个手执羽扇、不苟言笑、沉稳木讷的君子形象。实际上这代表了他成熟时期的性格。早年的曾国藩多言健谈，爱出风头，喜于交往。

古话有"祸从口出"、"多言必失"的箴戒，但青年时代的曾国藩喜欢直来直去，"每日总是话过多"，而且常常与人争得面红耳赤，这还不算，他还有"议人短"的毛病。他自己也深知"言多尖

刻，惹人厌烦"，也为此下定决心，减少往来，但就是难以改过。当朋友间切磋学问时，曾国藩又常常自持己见，强言争辩，"只是要压倒他人，获取名誉"。争强好胜，对于年轻人总是一般性的常情，但曾国藩自己承认，"好名之意，又自谓比他人高一层"，他还说这种心理已深入隐微，"何时能拔此根株？"

一次，窦兰泉来切磋，曾国藩并未理解好友的意思，便"词气虚吐，与人谈理"，本来是一件增益学业的事，却适得其反，二人不欢而散。《曾国藩日记》中说："彼此持论不合，反复辩诘，余内有矜气，自是特甚，反疑别人不虚心，何以明于责人而暗于责己也？"

道光二十二年（1842 年）十一月初九这一天，曾国藩四次出外，先是到岱云家为其母拜寿，本是喜庆之事，曾国藩出言不慎，弄得别人十分尴尬，宴席一散"宜速归"，他简直成了不受欢迎的人。随即又到何子贞家。回家后读了《兑卦》，又到岱云家吃晚饭，"席前后气浮言多"，与汤鹏讨论诗文，"多夸诞语"。掌灯时又与汤鹏一同到何家下围棋。回到家里"已亥正"。

当天他的《日记》中说："凡往日游戏随和之处，不能适立崖岸，唯当往还渐稀，相见必敬，渐改征远之习；平日辩论夸诞之人，不能通变聋哑，唯当谈论渐低卑，开口必诚，力去狂妄之习。此二习痛弊于吾心已深。前日云，除谨言静坐，无下手处，今忘之耶？以后戒多言如戒吃烟。如再要语，明神强之！并求不弃我者，时时以此相贵。"

由于曾国藩好多言，自以为是，有时伤害了朋友间的感情，尚不自知。他与小岑间的矛盾即由此而起。他平日引小岑为知己，但偶有不合，就大发脾气，他说这完全是自己平日修养不够啊。

对此，好朋友看在眼里，但知道曾国藩的性格，都不愿相劝，只有岱云敢于揭破。一天，岱云到曾家来，彼此谈了很久，曾国藩又口若悬河，讲了很多自己做不到而要求别人做到的话。岱云见曾

国藩依然如故，只好将话揭破，点出曾国藩的三个毛病。其后，曾国藩在日记中写道："岱云言余第一要戒'慢'字，谓我无处不著怠慢之气，真切中膏肓也。又言予于朋友，每相恃过深，不知量而后人，随处不留分寸，卒至小者扭曲，大者凶隙，不可不慎。又言我处事不患不精明，患太刻薄，须步步留心。此三言者皆药石也。"

几天后，曾国藩在家为父亲祝寿，小珊也前来，席间二人的语言碰撞，曾国藩的父亲看在眼里。客人走后，父亲与曾国藩谈起做人的道理，尤其讲了一大堆给人留分寸的话。曾国藩意识到问题的严重性，遂亲自往小珊家中表示歉意。

当天的日记他总结自己有三大过："小珊前与余有隙，细思皆我之不是。苟我素以忠信待人，何至人不见信？苟我素能礼人以敬，何至人有谤言？且即令人有不是，何至肆口谩骂，忿戾不顾，几于忘身及亲若此！此事余有三大过：平日不信不敬，相恃太深，一也；比时一语不合，忿恨无礼，二也；龃龉之后，人之平易，我反悍然不近人情，三也。恶言不出于口，忿言不反于身，此之不知，遑问其他？谨记于此，以为切戒。"

曾国藩的父亲通过在京城与儿子同居的日子，看到曾国藩身上确有不少毛病，回到湖南后又立即给儿子去信一封，曾国藩的日记谈到了来信内容："大人教以保身三要：'曰节欲、节劳、节饮食。'又言凡人交友，只见友不是而我是，所以今日管鲍，明日秦越，谓我与小珊有隙，是尽人欢竭人忠之过，宜速改过，走小珊处，当面自认不是。又云使气亦非保身体之道。小子读之悚然。小子一喜一怒，劳逸贪乐，无刻不萦于大人之怀也。若不敬身，真禽兽矣。"

岱云的话和父亲的信对曾国藩触动很大，但以后曾国藩仍重蹈旧辙。道光二十三年（1843 年）正月十九日，湖广籍的举人同学在文昌馆举行团拜，曾国藩当时主持会馆事宜，无论于公于私都应尽力招待好昔日的同学，但他"陪客时，意不属，全无肃敬之意"。他

承认"应酬有必不可已者"，他如此怠慢同学，"尤悔并生"。

曾国藩检讨自己的同时，又有走向另一极端的倾向，他有意与朋友们疏远，认为不常在一起，反增加一分敬意，俗话说"远了亲，近了分"嘛，但还是没有效果。他又想到吕新吾的一句名言："淡而无味，冷而可厌，亦不足取。"这就是通常所说的"不合群"。左也不是，右也不是，曾国藩一时感到难于处人，只好听天由命，顺其自然了。吴竹如却不这样看，他开导曾国藩说："交情虽然有天性投缘与否，也由于尽没尽人力所决定。但说到底还是人能胜天，不能把一切'归之于数'，如知人之哲，友朋之技契，君臣之遇合，本有定分，然亦可以积诚而致之。故曰命也，有性焉，君子不谓命也。"

自此以后，曾国藩在处事待人方面日渐成熟，以前说话直来直去、自以为是的毛病也大有改观。给人留面子这一点尤其成为以后待人交友的一个重要原则。

【片言絮语】

为人处世一定要注意原则与方式。与人沟通时，说话委婉是很重要的，不能直来直去，哪怕是没有恶意的直言，对方听来也可能会不舒服。这就需要对语言进行修饰，学会"曲言婉至"掩盖自己的直言快语。不能想什么说什么，要站在对方的立场想想，学会换位思考才是最好的方式。

3.放低姿态，主动合作求双赢

"一个巴掌拍不响，百人鼓掌声震天；一个筷子易折断，十根筷子抱成团。"合作具有无限的潜力，放下姿态，积极主动地寻求合作很重要，因为团结合作是凝聚大家的智慧和力量，这种力量是坚不可摧的。

现代社会是一个充满竞争的社会，可以说，竞争是无时不有，无处不在。合作与竞争看似水火不相容，其实不然，合作与竞争有许多相通的地方。合作与竞争，可以说伴随着人类的出现而几乎同时出现。从原始社会到奴隶社会到封建社会到资本主义社会，直至今天的社会主义社会，合作与竞争不仅没有削弱、消亡，相反，随着时间的推移和社会的进步，合作与竞争的趋势在不断增强。而且，随着人类生存空间的不断拓展，交往的不断扩大，人与自然斗争的不断深化，科技的不断发展，合作与竞争的联系也在日益加强。

在向知识经济时代过渡的征途中，高科技的发展水平和发展速度已经超乎了人的想象，通讯、交通等的发展使人们之间的沟通与交流变得空前容易，不论是国与国之间、组织与组织之间，抑或是具体的个人之间，竞争与合作已经成了不可逆转的大趋势。在这样的时代里，开展交流与合作的成本将大幅度降低，而效率则将大幅度提高。实际上，任何一个人，任何一个民族、国家都不可能独自拥有人类最优秀的物质与精神财富，而随着人们相互依赖程度的进一步加深，那种一人打天下的思想多少显得有些幼稚。封闭的个人

和孤立的企业所能够成就的"大业"将不复存在，合作与团队精神将变得空前重要。

缺乏合作精神的人将不可能成就事业，更不可能成为知识经济时代的强者。我们只有承认个人智能的局限性、懂得自我封闭的危害性、明确合作精神的重要性，才能有效地以合作伙伴的优势来弥补自身的缺陷，增强自身的力量，才能更好地应付知识经济时代的各种挑战。每个人的能力都有一定限度，善于与人合作的人，能够弥补自己能力的不足，达到自己原本达不到的目的。

有一句名言："帮助别人往上爬的人，会爬得最高。"如果你帮助另一个孩子上了果树，你因此也得到了你想尝到的果实，而且你越是善于帮助别人，你能尝到的果实就越多。它的道理就好比是在分同样大的一块蛋糕，分的人越多，自然每个人分到口的就越少。如果这样斤斤计较，不如去联手制作蛋糕，那么，只要蛋糕能不断地往大处做，我们就不会为眼下分到的蛋糕太小而备感不平了。因为我们知道，蛋糕还在不断做大，眼前少一块，随后随时可以再弥补过来，而且，只要联合起来，把蛋糕做大了，根本不用发愁能否分到蛋糕。

合作就是个人或群体相互之间为达到某一确定目标，彼此通过协调作用而形成的联合行动，参与者须有共同的目标、相近的认识、协调的互动、一定的信用，才能使合作达到预期的效果。在合作中双方的目标是共同的，所取得的成果也是共享的。

【片言絮语】

竞争就是相互争胜，要有输与赢。一方是以胜利者的面目出现，欢呼自己的胜利；另一方则是失败者，在下面悄悄地舔着自己的伤口。一方的喜悦是建立在另一方的痛苦之上的。而合作则是以寻求双赢为目标，积极主动地寻求合作才能取得更大的成功。

4.实干——成功的基石

低调的人，可以广交朋友；敢于求实的人，可以得到尊重；勤于务实的人，可以干一番事业；思想充实的人，可以使自己富有朝气地度过一生。聪明固然可贵，但真正的成功始终离不开务实的精神。

有人认为，人的生活中总是假中有真，真中有假，这些都不失为人生的真实。在真和假面前，相信人们会向真靠拢。因为人生应该是真实的，世事不管如何的变幻我们都得面对现实，都要与人打交道，都要为自己的事业而打拼。在这个过程中，我们不需要油嘴滑舌，不需要装腔作势，而是需要实实在在地付出劳动和具备低调务实的精神。

美国有个16岁的姑娘，自愿到洪都拉斯去，帮助那里的人了解眼睛的卫生常识，以提高健康水平。那里十分贫穷落后，以致这个女孩醒来竟发现自己和猪睡在一起。也许有人会想，去那么苦的地方，不是太傻了吗？但她回来后却眉飞色舞地向母亲介绍说，明年她还要去。她母亲立刻鼓励她再去，并夸奖她的女儿，说她的女儿有见解、有爱心，并为女儿乐于吃苦的精神而感到自豪。做人莫庸俗，实干非傻干。不论是在与人相处还是做事的时候，都应该以低调务实的心态去面对，以踏实肯干的精神去实践。

世上有以金钱财富为荣者，有以职称名誉为荣者，有以文凭服

饰为荣者……然而，这些东西都不能证明一个人的真实价值。如果一个人不是通过自己的劳动和创造，为社会和他人作出自己应有的贡献；如果不是坚持正直、诚实、高尚的人格，那么一切财富、地位、职称、文凭、服饰，以及华而不实的"知名度"，都不过是掩盖其真相的假面具。

俗话说：发光的并不都是金子。我们还是应该分清人生的真实和虚假，追求真实而高尚的人生。今天，有一种说法很流行：光有埋头苦干的精神不行，还得会搞关系。许多人认为现在学会做人比干好工作更重要；会"做人"的人吃香，而一门心思干工作，不过是"傻干"，得不到一点好处。有人结合自己的亲身经历得出了"光靠实干要吃亏"的结论。为什么有人会欣赏"既要干工作更要拉关系"的观点呢？问题恰恰出在没把"做什么人"、"做老实人是否吃亏"等问题搞清楚。

有些人受社会上流传的"干得好不如关系硬"、"辛苦干一年，不如领导家里转一转"等歪理的影响，片面相信关系是万能的，导致价值取向和思想道德标准发生偏移，曲解了做人的真谛，把做人之道庸俗化。如何做人，可以反映出一个人的人生态度、道德情操和思想境界。我们不否认身边确有极少数人靠拉关系得到"回报"和"好处"，但绝大多数人是靠实干获得进步的，这也是事实。

靠实干赢得进步，才有做人的尊严，才能受到他人的敬佩。有些人尽管工作干得不错，但背后却对领导吹吹拍拍、请客送礼，同样会让他人瞧不起，因为仅有"才"是不够的，人们看重的是德才兼备。更何况，靠关系得到的好处只是暂时的，不可能终身受益。当依靠的关系失去作用时，好处也就没了。

由此可见，认为做人须凭关系，实在是一种本末倒置。当然，光说"老实人终究不吃亏"是不够的，还必须让那些实干而不拉关系的人真正"香"起来，让那些看重关系和拉关系的人确实捞不到好处才能印证这一点。比如作为一个上级的领导，如果眼睛只盯着

和自己亲近的人而"任人惟亲"，实际上就是对拉关系者的纵容。因此，要端正一些人的做人之道，既要靠正确引导，帮助他们认清做人的真谛，同时还要坚持正确的用人导向。只有这样，才能营造一个"进步靠实干"、"实干者吃香"的环境。

【片言絮语】

王符的《潜夫论》说："大人不华，君子务实。"王守仁的《传习录》说："名与实对，务实之心重一分，则务名之心轻一分。"这些思想，就是中国文化注重现实、崇尚实干精神的体现。它排斥虚妄，拒绝空想，鄙视华而不实，追求充实而有活力的人生。务实精神作为传统美德，仍在我们当代生活中熠熠生辉。

5.做事专一，善始善终

俗话说：天下的麻雀是捉不尽的，一只手也抓不住两只鳖。自古以来，人不能在同一时间内，既能抬头望天又可以俯首看地或左手画方、右手画圆。所以说，一心不能二用，不能专心便不能取得进步。

当你从事一项工作时，或许操纵着很多部门的事情，你以此来炫耀自己的博学多才，发挥自己的天才与威势，结果反而把自己推进了毁灭的深渊。相反，有时你小心谨慎地从事于一件小的事情，

或者专心致志地做好一件事，埋头苦干，却能把你从渺小的凡人造就成伟大的人物。

爱默生是一位低调谦虚的作家，可是他在老年时反思自己一生的成就时却说："让我步入失败深渊的人不是别人，是我自己。我一生中最大的敌人不是别人，是我自己。我是给自己制造不幸的建筑师，我一生希望自己成就的事业太多了，以至于一无所成。"做事专一，并非不求上进，而是一种锲而不舍、全神贯注的追求。不但要有魄力，而且要有定力，摆脱其他事物的诱惑，不为一切名利权位等等而中途易辙。这种定力是决定一个人能否挖出井水的最重要的条件。

行事低调的人能认清自己的才能，找到自己的方向，能抗拒潮流的冲击。许多人只是为了某件事情时髦或流行，就跟着别人随波逐流。他忘了衡量自己的才干与兴趣，最终找不到自我，所得只是追逐一时的热闹，而失去了真正成功的机会。

梭罗创作《湖滨散记》时，为了寻找感觉，跑到森林中度过两年的隐士生活。他自己栽种农作物为食，摆脱了一切剥夺他时间的琐事俗务，一心一意地去体验林间湖上的景色和他心灵所产生的共鸣，从中发现许多道理，从而完成了《湖滨散记》这本名著。

日本作家川端康成获诺贝尔文学奖之后，常被官方、民间以及电视广告商人等拉着去干这干那。文人不擅应酬，不会推托又心慈面软，加上做事过于认真，不懂敷衍，于是他陷入忙乱的俗事之中，不知如何解脱，终于以自杀了此一生。有报纸说川端临终前，曾为筹措一笔会费而心力交瘁，心情十分低落，这件事可能是促使他厌世自杀的原因之一。这应该不是揣测之词，一位作家能获得诺贝尔奖，这口井已经算是挖得够深了，但如果他不被卷入俗事，而仍然能宁静度岁，以他的智慧，也许会有更具哲理的创作留传于世。这口井，本可以挖得更精深一些。

不管是为人还是在做事方面上，当你确定了一个奋斗的目标以

后，下一步便是善始善终的行动。如果你决心做一下改变，就必须考虑到改变后是什么样子；如果你决定解决某一问题，就必须考虑到解决过程中可能遇到的困难是什么。当描述了理想的目标以后，你必须研究一下达到该目标所需的时间、财力、人力的花费是多少，你的选择、途径和方法只有经过检验，方能估量出目标的现实性。你或许会发现自己的目标是可行的，否则，你就要量力而行，修改自己的目标。这是对你习性的一次考验！

许多满怀雄心壮志的人习性很坚强，但是由于不会进行新的尝试，因而无法成功。请你坚持你的目标吧，不要犹豫不前，但也不能太生硬，不知变通。如果你的确感到行不通的话，就尝试另一种方式吧。那些百折不挠，牢牢掌握住目标的人，都已经具备了成功习性的要素。

你如果认为困难无法解决，就会真的找不到出路。因此一定要拒绝无能为力的想法，养成善始善终的习性。

一个人要获得事业上的成功，首先要有目标，这是人生的起点。没有坚持，就没有进步，但这种坚持必须是合乎自己的，如果不是这样，那么，即使你再有本事，千百倍地努力，也不会获得成功，这只能是为固执的习性所误。因此，我们认为，坚持过度就等于固执，这是阻止你发展的习性弱点。

事业生涯的发展是一个过程，绝非一蹴而就的事情。它需要人们自始至终，付出很多琐碎的努力。在这个过程中，你必须依靠日积月累的办法，最终，这些琐碎的努力才会像涓涓细流汇聚为势不可挡的汹涌波涛，而且有的时候，成功的到来比你预计的要早。因此，任何人都应当在事业生涯面前力戒浮躁性格的滋生。认识这一点，对你大有好处。

做事集中精力精益求精，不但可以使你的精神愉快、身强体健，而且可以使你的才能迅速进步，学识日渐充实，从而逐步可以胜任其他更重大的事情。所以奉劝初入社会，希望成功的青年们都要熟

记四个字——尽善尽美，它是你一生成败的最大关键。

司特莱底·瓦留斯先生是一位著名的小提琴制造家，他制成一把小提琴，往往要经过不少岁月。但是你可不要以为他太痴了，他所制造的成品现在已成稀有宝贵的珍物，每件能值万金。可知世上任何宝贵的东西，你如果不付出全部精力，不畏千辛万苦地去做是不能成功的。

【片言絮语】

一位做事做得完美无缺的人，总是受人欢迎的。对于任何事，你都要倾注全部精力去做。做事尽善尽美，不但能够使你迅速进步，并且还将大大地影响你的性格、品行和自尊心。任何人如果要瞧得起自己，就非得秉持这种精神去做事不可。

6.低调做人，踏实做事

"成功自有道"，成功人士大多都具有可贵之处，比如表现出坦诚的性格和踏实品质。与人交往贵在以心换心，坦诚踏实，低调做人，踏实做事才能赢得更大的成功。

李雯芳是一所名牌大学的毕业生，在校期间，她活泼、热情、大方、干练。她挑选了一家知名度较高的合资企业，并如愿以偿做了公司的文员。

李雯芳挑选合资企业是因为这样更容易实现自己的抱负——当个领导。她要在这里学习外国人先进的管理经验，同时也积攒点钱，为日后自己的发展打基础。因此，从底层做起的思想准备很充分。她所在的办公室连她才三个人，一个是40多岁的查理，一个是与她年龄差不多的刘刚。查理是头，经常与领导外出谈生意，刘刚忙着永远也不见少的文件资料，每当电话铃声一响，刘刚总是朝李雯芳努努嘴，示意要她听电话，她手头的活儿再忙也得放下。要是有客户来，端茶递水也总是李雯芳干的活儿。至于业务上的事，任李雯芳怎样态度谦恭地请教，查理和刘刚都挺会装聋作哑，除了是或不是，绝不会多说半个字。

同仁间的冷漠是李雯芳最不理解的，如何适应一个冷漠的环境成了李雯芳的心病。这样的事情是每一个初入职场的新人都会碰上的，所以尽量放低姿态，用自己的诚恳打动别人，这也是每一个人在就职时必须有的心理准备。

李雯芳的行为体现了低调做人、踏实做事的原则。生命的延续是艰难的，为了活下去，一个人必须辛勤地做事，为了发展和成长，必须努力克服挑战，设法解决许多难题。所以肯吃苦的人，不但精神生活充沛，回报也多。低调又踏实的人健康有活力，前程乐观。反之，好逸恶劳的人，会逐渐消沉、堕落。

低调做人，踏实做事，代表一个人肯为自己的生活负责，是一位肯担当、不敷衍塞责的务实者，他们肯在失败中寻找教训和经验，肯在顺境中打下更广的根基，更重要的是他们有一种锲而不舍的乐观和冲劲。当别人笑他们不懂得享受时，他们却暗暗地告诉自己：劳动本身就是一种享受。

幸福是从我们的劳动、做事中产生的，事业是幸福的最主要源泉。很多民俗形象生动地说明了幸福来自"低调做人，踏实做事"的真理。有歌词唱道：生活就像爬大山，生活就像趟大河。不管你是否愿意，生活总是不以人的意志为转移地将难题、困窘推到你的

面前，让你时常领略到爬山、趟河的滋味。

低调做人，踏实做事，可以贯穿整个人生的方方面面。有这样一个故事：

有一个厂长就职时向员工发表别出心裁的讲话："我来当厂长，我打心底里高兴！但厂长不好当，担子重啊！从现在起，我这个厂长给大家交个底儿，我不想干两件事就'捞一把'，我非跟大伙儿一块儿干出个样子来不可，好比一根绳子上拴着两只蚂蚱，飞不了你们，也蹦不了我……"这几句话平实、通俗，没有大道理，更没有表面的客套，只是想带领员工踏踏实实地干一番事业。显然，他赢得了员工的信任，因此有许多人说："这个厂长挺实在……""厂长是个老实人，我们跟着实在的厂长干，叫人心里踏实……"

就是因为这位厂长谦虚低调的态度，以及诚恳实在的话语，当着全厂职工第一次亮相就"得了高分"。他这次亮相前对说话的方式、内容、角度进行了周密的考虑，实实在在地讲出了自己上任时的心理活动及上任后的打算，从而达到了与职工交流的目的。

日本著名的推销员原一平说过："做人做生意都一样，第一要诀是踏实坦诚。踏实坦诚就像树木的根，如果没有根，那么树木也就没有生命了。"原一平自身的成功也证明了这一点。

原一平年轻时曾在一家机器公司当推销员。有一次他在半个月内就和30位顾客做成了生意。不久，他却发现他现在所卖的这种机器比别家公司所生产的同样性能的机器价钱要贵。他想：如果客户知道了一定以为我在欺骗他们，会对我的信用产生怀疑。为了妥善解决问题，原一平便带着合约书和订单，逐户拜访客户，如实向客户说明情况，并请客户重新考虑选择。这种诚实的做法使每个客户都深受感动，结果，30人中没有一个解除合约，反而成了更加忠实的消费者。

做生意的规律是，只要你的一个产品有问题，你的全部产品就都会受到怀疑。做人也是如此，比如你在说话过程中，只要你十句

话中有一句是谎言，你的全部话语就都会受到质疑。

俗话说："种瓜得瓜，种豆得豆。"一个人种下什么，就会收获什么。种下坦诚，收获的就是坦诚。以诚感人，踏实勤奋，收获的就是事业上的成功。

【片言絮语】

古今中外，凡成就事业、对人类有作为的无一不是脚踏实地、辛苦工作的结果。凡事都要脚踏实地去做，不弛于空想，不骛于虚声，以此态度求学，则真理可明；以此态度作事，则功业可就。

7. 不和人作无谓的争辩

任何决心有所成就的人，从不在私人争执中耗费时间。争强好辩无法消除误解，只有靠宽容、协调，以及同情才能获得信任，并真正解决问题，这才是智者之所为。

罗斯福总统对于他的反对派，往往会和颜悦色地说："亲爱的朋友，妙哉妙哉，你到这里来和我争执这个问题，真是一个妙人！但在这一点上，我们两个的见解自然不同，让我们来讲些别的话题吧！"于是他会施出一种诱惑的手段来，使对方放弃自己的意见，而去接受他的观点！这是一个好方法，无论那些成功的人采用什么方式去驾驭别人，我们可以注意到的是，他们第一步是"避免争

论"，他们的策略是以"迎合别人的意志"及"免除反对意见"来感动人的。

约翰逊与一位政府稽查员因为一项一万元的账单发生的问题争辩了一个小时之久。约翰逊声称这笔一万元的款项确实是一笔死账，永远收不回来，当然不应该纳税。"死账，胡说！"稽查员反对说，"那也必须纳税。"看着稽查员冷淡、傲慢而且固执的神态，约翰逊意识到争辩得越久越激烈，可能会使这位稽查员更顽固。他决定避免争论，改变话题，给他一些赞赏。

于是，约翰逊真诚地对这个稽查员说："我想这件事情与你必须做出的决定相比，应该算是一件很小的事情。我也曾经研究过税收的问题，但我只是从书本中得到了知识，而你是从你的工作经验中得到的。我有时愿意从事像你这样的工作，这种工作可以教会我很多书本上学不到的东西。"听完约翰逊的话，那个稽查员从椅子上挺起身来，讲了很多关于他工作的话，以及他所发现的巧妙舞弊的方法。他的声调渐渐地变为友善，片刻之后他又讲起他的孩子来。当他走的时候，他告诉约翰逊他要再考虑那个问题，在几天之内给他答复。三天之后，他到约翰逊的办公室里告诉他，他已经决定按照约翰逊所填报的税目办理。

当你碰到任何一种反对意见时，应当先自己思量着："关于这一点，我能不能在无关大局的范围中让步呢？"为使人家顺从你的意见，应当尽量表示"小的让步"。有时，为了避免这种反对，甚至还可以将你的主见暂时收回一下。如果你碰到了对于你的主要意见十分反对的人，那么最聪明的方法还是把这问题暂缓一下，不必立刻求得解决。这样，一方面可以使对方得到重新考虑的机会，一方面使你自己也有重新决策的机会。

当你遇见喜欢争论的人，你要做到的是让你的反对者有说话的机会。让他们把话说完，不要抗拒、防护或争辩。在你听完了反对者的话以后，首先去想你同意的意见，但是在这个时候不要

相信你的直觉。当有人提出不同意见的时候，你自然的反应是自卫。你要慎重，保持平静，并且小心你的直觉反应，这个时候控制自己的脾气显得尤为重要。认真并真诚地考虑反对者的意见，你的反对者提出的意见可能是对的。在这时，同意考虑他们的意见是比较明智的做法。

低调的人一向都忌讳与人做无谓的争辩，而一些喜欢争论的人，表示他自尊自大。避免跟人争论最聪明的方法，就是同意对方的主张，不管他的意见是如何可笑、如何愚笨、如何浅薄，你用礼貌回答他，你无条件地赞成他的意见，佩服他的见识和聪明。你要获得胜利，唯一的方法是避免争论。你的心中只需记住：用爱心解仇，仇可立即解除；以恨止怨，怨必更深。

"忍一时风平浪静，退一步海阔天空"，是很老很老的道理，是自古皆知的明训，但能做到的人少之又少。如想能在执著的当下忍一口气，就应该谨记沉默是金的道理，不做无谓的争辩。

闭上眼，深呼吸，这口气就下去了，没有想的那样难。人前人后的据理力争，又会换来什么呢？是本事还是面子？只是换来更多的不堪与疲惫！什么样的结果才是值得的？世上或许有真理，但往往来不及辩明，忍住向前的脚步，试着退回那一步，其实，天还是会很蓝，心还是可以宽广的。

【片言絮语】

低调做人不做无谓的争辩，不代表懦弱；一时的忍耐，不代表逆来顺受。凡事总有个过程，时间可以证明一切，不需去做无谓的争辩，不需去争取那一点自我的权利，把有限的精力留着去闯荡一片自己的天空吧。

8.把大想法落实在小行动上

处世低调的人大多是具体事项的执行者。对积极行动的人，"上帝"总会给予他意想不到的奖赏。总是做的比应该做的更多，你就会出人头地，这是成功者与一生只能服从别人的人之间的差距。

我们现在做什么事，只要积极主动地去行动，没有达不到目的的。从前，有一位满脑子都是智慧的教授与一位文盲相邻而居。尽管两人地位悬殊，知识水平、性格有天壤之别，可两人有一个共同的目标：如何尽快富裕起来。每天，教授翘着二郎腿大谈特谈他的致富经，文盲在旁虔诚地听着，他非常羡佩教授的学识与智慧，并且开始依着教授的致富设想去实现。

若干年后，文盲成了一位百万富翁，而教授还在空谈他的致富理论。

希尔指出：思想固然重要，但行动往往更重要。我们的基本本性是主动行动而不是消极等待。这一本性不仅能使我们选择对某种特定环境的反应，而且能使我们创造环境。采取主动并不意味着紧催硬逼、令人生厌或寻衅好斗，它的真正涵义是承认我们有责任使事情发生。

许多人等待着事情发生，或等待着别人照顾他们，但那些最终获得好职位的人，都是解决了问题而不是为问题所困住的能动型的

人，这些人按照正确的原则掌握主动，做了需要做的事情。作为犹太教和基督教共有传说基本内容组成部分的《圣经·旧约》中记载了一个关于约瑟的故事。约瑟在 17 岁时被他兄弟卖到埃及为奴。你可以想象，作为法老护卫长波堤乏的仆人，他很容易将注意力放在他兄弟和监守人员的弱点上，放在他所不具备的东西上，自悲自怜地潦倒终身。但约瑟具有能动性，他在主观努力上下功夫。不久，他便管起了波堤乏的家务。由于深得信任，他当上了波堤乏所有财产的总管。

但有一天他陷入了困境，由于他拒不在正直上做出退让，结果被不公正地判罪入狱，服刑 13 年。但他再次发挥了能动性，他在影响圈上下功夫，在主观努力上下功夫，而不是盯着客观条件。不久，他管起了监狱事务，而且最终掌管全埃及，成了仅次于法老的人。

有人问布莱克，你成为一位伟大的思想家，成功的关键是什么？多思多想！布莱克回答。

这人满怀心得，回去躺在床上，望着天花板，一动也不动，开始多思多想。一个月以后，布莱克在回家的路上，碰见了那人的妻子，她对布莱克说，求你去见我丈夫一面吧，他从你那儿回来后，就像中了魔一样。

布莱克到了那人的家一看，只见那人变得骨瘦如柴，拼命挣扎着爬起来，对布莱克说："我每天除了吃饭，一直在思考，你看我离伟大的思想家还有多远？""你整天只想不做，那你思考了些什么呢？"布莱克问。那人道："想的东西太多，头脑里都装不下了。"

"我看你除了脑袋上长满头发，收获的全是垃圾。"

"垃圾？"

"只想不做的人只能生产思想垃圾。"布莱克答道。

成功是一把梯子，双手插在口袋里的人是爬不上去的。

一张地图，无论它绘制得多么详细，比例尺有多么精密，但它不能让他的主人在地面上移动哪怕一寸。一部法典，无论它多么的

公正，但它绝不能预防罪恶的发生。一本教你如何做事的经典，无论它写得如何精彩，但它绝对不会给你赚回一分钱来。只有行动，才是你做事的起点，才能使你的幻想、你的计划、你的目标，成为一股活动的力量。行动，才是滋润你做事的食物和水。在我们的地球上，每天都有成千上万的人把自己辛辛苦苦苦思冥想出来的新构想取消或者埋葬，因为他们不敢执行。过了一段时间，这些构想又会来折磨他们。

拖延是恐惧失败的产物，你要想征服恐惧，只有毫不犹豫地起来行动。只有行动，你心里的恐惧才会一扫而光。你不能逃避，把今天的事情拖到明天去做，因为，明天其实是永远也不会来临的。所以你今天就要做完今天的事情，即使你的行动不会使你快乐，也可能行动并不一定使你成功，但是，因行动起来而失败总要比坐以待毙好。做事的快乐可能不是行动所摘下来的果子，但是，如果没有行动，所有的果子都会在树上烂掉。

所以，你要时时记住，要做事，只有起来行动。当失败者想休息的时候，你就去做事；当失败者仍在沉默的时候，你就去说话；当失败者认为太迟了的时候，你已经做好了。要想使你宏伟的计划不是永远停留在纸上的蓝图，你就要用行动把它变为现实。

在行动之前应该制订相应的计划。切实执行你的计划，以便发挥它的价值，不管你的计划多么周密，创意多么新颖，除非身体力行，否则永远没有收获。执行你的计划时心里要平静，天下最可悲的一句话就是："我当时真应该那么做，却没有那么做。"每天都能听见有人说："如果我当时就开始做那笔生意，早就发财了！"或者"我早就料到了，我好后悔当时没有做。"真可惜天下没有卖后悔药的。一个好的计划或者创意如果真的胎死腹中，真的会叫人叹息不已，永远不能忘怀。如果真的彻底实施，当然会带给你无限的满足。

虽然行动并不一定能带来令人满意的效果，但不采取行动是绝无满意的结果可言的。人生伟业的建立，事业的成功，不在于能知，而在于能行。行动是件了不得的事，也只有它能够使我们的目标化为现实。

9.拥有专注目标和强烈的使命感

对目标是否专注，已经成为一个人能否取得成功的决定性因素。心无旁骛，锁定目标，这是一种重要的职业素质和职业精神。每个人只要能够把所有的精力集中于目标的追求上，以不达目的绝不罢休的劲头和强烈的使命感去干事业，就一定会取得最大的成功。

无论你过去怎么样的辉煌或现在的情况怎么糟糕并不重要，你将来想要取得什么成就才最重要。除非你对未来有理想，否则，你绝对做不出什么大事来。如此多的人之所以无法实现自己的理想，主要原因在于他们从来没有真正树立过目标。

人生需要一个目标来鼓舞前进，它是一个人对于自己所期望成就的事业的真正决心。有什么样的目标，才能有什么样的人生。目标比幻想好得多，因为它可以实现。正如空气对于生命一样，目标对于成功也有绝对的必要。如果没有空气，没有人能够生存；如果

没有目标，没有人能够成功。只有树立清晰且长期的目标，并且一直在努力，你才能成功。

哈佛大学曾经针对一群智力、学历等条件差不多的年轻人进行过一次关于目标对人生的影响的调查。调查结果显示：27%的人没有目标，60%的人目标模糊，10%的人有清晰但比较短期的目标，3%的人有清晰且长期的目标。

25年后，哈佛大学再次对他们进行了跟踪调查，结果令人非常吃惊！那27%的人过得很不如意，工作不稳定，入不敷出，常常抱怨社会，抱怨政府，怨天尤人；那60%的人大部分生活在社会中下层，胸无大志，事业平平；那10%的人都是各专业、各领域的成功人士，生活在社会的中上层，事业有成；那3%的人全部成为了社会精英和行业领袖。

做事的使命感与一个人的目标是相辅相成的。使命是组织最终的目标，目标是使命在某个发展阶段的具体化。区别是使命是组织存在的目的，是"心脏"，是信仰，是相对固定的；目标是"活动的血液"，是实现使命的步骤和阶段条件，是可以调整和修正的。

美国管理大师德鲁克说："并不是有了工作才有目标，而是相反，有了目标才能确定每个人的工作。因此，管理者应该通过目标对下级进行管理，使命和任务必须转化为目标。"

富兰克林从一个印刷厂的学徒工成为一个州议员、政治家、科学家，进而成为美国开国元勋的人生历程，除了用他本人所具备的神圣使命感解释外，别无其他理由。正是因为他具备神圣的使命感，才使他从不停止对工作的勤奋、知识的渴求、对公共事务的热衷、对人类正义的不懈追求。

其实，个人事业的成功和一个企业的发展壮大的道理都是一样的。每一个企业或组织要想聚集更多的成员参加，要想更长久地生存和发展，都需要确定自己的使命。使命是组织的灵魂，没有使命，组织就没有未来；没有使命，组织就不会有持久的、旺盛的生命力。

比如，有些企业由于确立了使命，搭乘上中国经济快速增长的列车而赚到了钱。但也有一些企业由于没有确立使命，满足于暂时的市场成功而失去了继续前进的动力，进入了缓慢增长阶段。优秀的企业家总是通过确立使命，让员工认同并接受企业文化，然后将各种力量综合到一起，以促使企业不断发展壮大。

蒙牛这个品牌在中国的崛起可谓是一个奇迹：10多个人集资1000万元，用了不到五年时间，就已经成为一个品牌价值超过百亿元的企业。对此，董事长牛根生深有感触地说："没有使命的企业走不远。以我办企业的体会，使命是企业的灵魂。没有使命的企业是生存不下去的，更别说做大了。拿蒙牛来说，在很多人看来，蒙牛的发展是个奇迹，可我从不这样认为。蒙牛的成功，从宏观上讲，是得益于我们所处的这个伟大的时代；从蒙牛本身讲，我们这些人是怀着'强乳兴农'的使命感来做企业的。正是因为有这个使命，才凝聚了管理团队，凝聚了员工。大家朝着一个共同目标，克服了企业创立之初难以想象的困难，在超速成长的同时成为西部最大的造饭碗工程。"

以赚钱为目的的企业是绝对不能永续基业的。一个企业除了赢利之外，还应该服务于社会，创造就业机会，提供高质量的产品和服务。一个企业如果从管理层到普通员工都能形成这样的使命感，那么这个企业最终一定会有大的发展。

使命感是个人事业的奠基石也是企业成长的原动力。很多成功的企业家刚开始创业时，并没有什么远大的使命和理想，大多是为了解决生活的贫困，为了买房买车，为了实现自我价值，甚至是为了获得自己所倾心的女人的爱恋。其实，也正是这些基本的需求促使这些企业家萌发了最初的创业动机。但仅有上述动机，企业还不可能做大，不可能走远，更不可能成为一个世界级的百年企业。

美国著名的沃顿商学院和哈佛商学院为新生安排的第一堂课居然都是"政治课"，课程内容很相似：商业使命和商业道德，企业家

的使命和企业家道德。无独有偶，著名华人企业家李嘉诚在中国内地创办的长江商学院为新生安排的第一堂课也是"政治课"。这门已经连续几年由院长亲自主讲的课程，内容是"中国企业和中国企业家的使命"。

但是，使命并不仅仅是企业的事情，也不仅仅是企业家自己的事情，事实上，企业的所有事情最终都要落实到员工身上，使命是员工前进的永恒动力。对企业来说，使命就是发展蓝图；对员工来说，使命就是人生目标。一个共同的使命，能够将所有员工团结到一起，为企业的目标而共同努力，使所有员工都能感觉到他们对企业所作的贡献。

一个人如果没有使命感，就不可能很好地完成自己的工作，因此也不能取得事业上的成功。就如一个士兵如果没有使命感，就是一个不合格的士兵，不能打硬仗，不能取得最后的胜利。

【片言絮语】

一个人没有目标，就像一艘轮船没有舵一样，只能随波逐流，最终搁浅在绝望、失败、消沉的海滩上。你只有确实地、精细地、明确地树立起目标，以强烈的使命感去执行和完成它，才有可能抵达成功的彼岸。

10.自动自发，全力以赴

自动自发，就是不用领导交待不用别人的督促，就能全力以赴地完成工作。做任何事情都需要一种积极主动、自动自发的态度，只有以这样的态度对待我们的事业，才能实现自己的目标和人生价值。

有一位从偏远山区来的小姑娘到城里打工，由于没有什么特殊技能，于是选择了餐厅服务员这个职业。在常人看来，这是一个不需要什么技能的职业，只要招待好客人就可以了。许多人已经从事这个职业多年了，但很少有人会认真地投入这个职业，因为这个职工看起来实在没有什么需要投入的。

这个小姑娘恰恰相反，她一开始就表现出了极大的耐心，并且彻底地投入到工作当中。一段时间以后，她不但熟悉了常来常往的客人，而且掌握了他们的口味，只要客人光顾，她总是千方百计地使他们高兴而来，满意而去；她不但赢得了客人的交口称赞，也为饭店增加了营业额——她总是能使客人多点一至两道菜，并且在别的服务员只照顾一桌客人的时候，她却能独自招待好几桌客人。

老板逐渐认识到她的才能，准备提拔她做餐厅主管，可是，她却婉言谢绝了。原来，一位准备投资餐饮业的客人看中了她的才干，准备与她合作创办一家餐饮公司，资金完全由对方投入，她负责经营管理，并且郑重承诺给她 25% 的股份。

　　在很多企业中，一些自动自发、全力以赴地工作的员工，因为领导不在身边也卖力工作的人，将会获得更多的奖赏。如果只在别人注意时才有好的工作表现，那么你永远无法抵达成功的彼岸。严格的做事标准应该是自己设定的，而不是别人要求的。如果你对自己的期望比领导对你的期望更高，那么你就无需担心会失去工作。同样，如果你能达到自己设定的最高标准，那么升迁晋级将指日可待。

　　自动自发是对自己负责任的一种精神。无所事事、懒散松懈的习惯已经使许多天赋很高的人步入平庸，这样的例子并不在少数。许多成功的人并不一定天赋很高，而是勤奋使他们一步步走向成功与辉煌。与此相反，很多天赋很高的人却常常因为自己的放任与懒散而日趋平庸，甚至一事无成。

　　自动自发、积极主动的人总是在工作中付出双倍甚至更多的智慧、热情、信仰、想象和创造力，而失败者和消极被动的人却将这些深深地埋藏起来，他们永远都在逃避、指责和抱怨。如果你想获得成功，就必须自动自发、积极主动地工作。当你养成自动自发、积极主动的习惯时，你就有机会成为一个重要的人。那些成就大业之人和凡事得过且过之人之间的最大区别在于：他们自动自发地做事，积极主动地工作，同时为自己的所作所为承担责任。

　　可惜，有许多人工作大多是茫然的。他们每天在茫然中上班、下班，到了固定的日子领回自己的薪水，高兴一番或者抱怨一番之后，仍然茫然地上班、下班……他们从不思考关于工作的问题：什么是工作？工作到底是为了什么？可以想象，这样的人，他们只是被动地应付工作，为了工作而工作，他们不可能在工作中投入自己全部的热情和智慧，他们只是机械地完成工作，而不是自动自发、积极主动地工作。

　　有些员工认为，企业是老板的，自己只是替老板工作，自己的工作表现再好，再有能力，得到好处的还是老板，赚钱的也是老板，

自己却得不到任何好处！事实是这样的吗？答案是否定的。

抱有这种想法的员工，每天心里都不平衡，当然也就不会主动工作，而是按部就班，缺乏活力。更有甚者，有的人趁老板不在的时候，上网聊天、干私活，或者没完没了地打私人电话，这些做法无异于浪费自己的生命，断送自己的前程。

英特尔总裁安迪·葛洛夫应邀对加州大学伯克利分校毕业生发表演讲时说：“不管你在哪里工作，都别把自己当成员工，应该把公司看成是自己开的一样。你每天都必须和好几百万人竞争，不断提升自己的价值，这样，你才不会成为某次失业统计数据里头的一分子。”

优秀的员工无论老板在不在，他们都会自动自发、积极主动地工作。因为他们知道：任何业绩都是自己努力的结果，工作并不是做给老板看的，工作应该是发自内心的。优秀的员工并非只是为自己的饭碗与薪水而工作，他们有更高的需求。把工作简单地视为换取劳动报酬的想法是低级的、短视的，与此相反，有望成就事业的人永远不会把眼睛停留在饭碗和薪水上，他们把工作当作一项事业去做，自动自发、积极主动地工作是他们的共同特点。

【片言絮语】

自动自发是一种对待工作的态度，也是一种对待人生的态度，只有当自律与责任成为习惯时，成功才会接踵而至。“一屋不扫，何以扫天下”，如果对本职工作都不能全身心投入，奢谈什么开创自己的人生伟业？绝大多数成功的创业者并没有任何人监督其工作，他们完全依靠自律和自觉去换取成功的果实。

11.心动不如行动

"说一尺不如行一寸"。任何希望，任何计划最终必然要落实到行动上。只有行动才能缩短自己与目标之间的距离，只有行动才能把理想变为现实。

不管是在人生的哪个领域里，不努力去行动的人，就不会获得成功。我们从许多杰出的成功者身上都可以找到某些成功的偶然性，但因为他们每个人能做得好，又体现了成功的必然性。如果他们没有付出比常人多几千倍、几万倍的行动，是不可能取得一个又一个成功的。

爱迪生75岁时，每天准时到实验室里签到上班。有个记者问他："你打算什么时候退休?"爱迪生装出一副十分为难的样子说："糟糕，这个问题我活到现在还没来得及考虑呢!"他活了84岁，一生的发明有1100多项，对自己成功的原因，他曾这么说："有些人以为我所以在许多事情上有成就是因为我有什么'天才'，这是不正确的。无论哪个头脑清楚的人，如果他肯努力行动，都能像我一样有成就。"爱迪生的名言是："天才是百分之一的灵感加上百分之九十九的汗水。"

辛勤的汗水就是行动的表现，切实的行动就是努力的见证。在任何一个领域里，不努力去行动的人就不会获得成功。就连凶猛的老虎要想捕捉一只弱小的兔子，也必须全力以赴地去行动，不行动、

不努力就捕捉不到兔子。

世界著名的大提琴手巴布罗·卡沙斯在取得举世公认的艺术家头衔之后，依然每天坚持练琴六小时，养成了"行动再行动"的良好习惯。有人问他为什么仍然还要练琴，他的回答很简单："我觉得我仍在进步。"一个成功者想继续成功就得这么去做，因为世上的事物没有绝对的成功，只有不断的努力，才能有不断的进步。成功是没有终点的，就像旅程中的一个个过程，必须一站一站往前走，一旦停在原地，不再去努力，不再全力付诸行动，成功的列车就会把你甩得远远的。

成功是所有人所追求的人生目标，为什么有些人总是错过成功的机会？原因是行动被拖延偷走了。拖延是个专偷行动的"贼"，它在偷窃你的行动时，常常给你构筑一个"安乐窝"，让你早上躺在床上不想起来，起床后什么也不想干，能拖到明天的事今天不做，能推给别人的事自己不干，不懂的事不想懂，不会做的事不想学。它让你的思想行动停留在这个"安乐窝"里，对任何舒适以外的思想行动，都觉得不舒服、不习惯。这个"贼"能偷走人的行动，同时也能偷走人的希望、人的健康、人的成功，它带给人的不良习惯和后果是积重难返的。有的学生遇上难题没有及时问老师，后来问题越来越多，成绩越来越差；有的商人因没能及时做出关键性的决定而痛遭失败；有的病人延误了看病的时间，给生命带来无法挽救的悲剧。

我们小的时候学的一篇寒号鸟的寓言故事，就深刻体现了不积极行动、一再拖延的巨大危害！谁选择积极立刻的行动，谁就会拥有成功。拖延这个"贼"虽然能偷走行动，但是积极的行动也能制服这个"贼"。最好是在这个"贼"没有把你偷走之前，就采取行动逮住它。

比如当你准备做一件事时，这个"贼"会对你说："明天再干吧。"这时，你要马上提醒自己："今天能做的事，决不能拖到明

天。因为这个明天遥遥无期，会变成明天的明天，永远不会来临。"

当你面临困难和挫折时，这个"贼"会找出许多理由让你停下来。这时，你要马上提醒自己："成功不会等待任何人，我如果犹豫不决，她就会许配给别人，永远弃我而去。"

当别人埋头苦干时，这个"贼"会引诱你袖手旁观，吹毛求疵。这时，你要提醒自己："立即行动，马上动手，决不用评说别人来掩饰自己的无所作为。"

奥格·曼狄诺是美国一位成功的作家，他常常告诫自己："我要采取行动，我要采取行动……从今以后，我要一遍又一遍、每一小时、每一天都要重复这句话，一直等到这句话成为像我的呼吸习惯一样，而跟在它后面的行动，要像我眨眼睛那种本能一样。有了这句话，我就能够实现我成功的每一个行动；有了这句话，我就能够制约我的精神，迎接失败者躲避的每一次挑战。"

一个人想奔向自己的目标，追求自己的成功，现在就立即行动。"立即行动"，是自我激励的警句，是自我发动的信号，它能使你勇敢地驱走拖延这个"贼"，帮你抓住宝贵的时间去做你所不想做而又必须做的事。

【片言絮语】

做好每件事，既要心动，更要行动。只会感动羡慕，不去流汗行动，成功就是一句空话。哲人说："想得好是聪明，计划得好更聪明，做得好是最聪明又最好。"世上没有任何事情比下决心、立即行动更为重要，更有效果。

第七章
韬光养晦，成大业者能伸能屈

韬光养晦的本意是"隐藏才能，不使外露"，是春秋战国时越国勾践卧薪尝胆的大隐大忍，是刘备在曹操煮酒论英雄时所表现的大智大谋。历史上，因为成功运用韬光养晦的谋略而胜，因为不懂韬光养晦的道理而败的事例比比皆是。无数实践证明，韬光养晦，对于一个民族、一个国家、一个集体，直至个人的命运兴衰，都具有十分重大的意义。

DiDiaoZuoRen
BuChiKui

1.放低姿态，敢示弱者强

　　人不太容易去改变自己条件的强或弱，但却可以用示弱的方式，为自己争取有利的位置。示弱可以减少乃至消除不满或嫉妒，使对手保持心理平衡，对你放松警惕，这更有利于你的迅速发展。

　　示弱可以是个别接触时推心置腹的长谈，幽默的自嘲，也可以是在大庭广众之下有意以己之短，补人之长。如果你碰到的是个有实力的强者，而且他的实力明显高于你，那么你不必为了面子或意气而与他争强。因为一旦硬碰硬，固然也有可能战胜对方，但毁了自己的可能性却很大。因此不妨示弱，以化解对方的戒心。以强欺弱，胜之不武，大部分的强者是不屑做的。

　　但不可否认，也有一些具有侵略性格的"强者"有欺负"老实人"的习惯。而示弱也有让对方摸不清你的虚实，降低对方攻击有效性的作用，一旦他攻击失效，他便有可能收手，而你便获得了生存的空间，并反转两者态势，他再也不敢随便动你。至于要不要反击，你要慎重考虑，因为反击时你也会有损伤，这个利害是要加以评估的，何况还不一定能击败对方。

　　古话有云"大智若愚"，这是示弱的假象。曾有一位记者去拜访一位外国政治家，目的是获得有关他的一些丑闻。然而，还来不及寒暄，这位政治家就对想质问的记者制止说："时间还多得很，我

们可以慢慢谈。"记者对政治家这种从容不迫的态度大感意外。不多时，仆人将咖啡端上桌来，这位政治家端起咖啡喝了一口，立即大嚷道："好烫!"咖啡杯随之滚落在地。等仆人收拾好后，政治家又把香烟倒着插入嘴中，从过滤嘴处点火。这时记者赶忙提醒："先生，你将香烟拿倒了。"政治家听到这话之后，慌忙将香烟拿正，不料却将烟灰缸碰翻在地。平时趾高气扬的政治家出了一连串的洋相，使记者大感意外，不知不觉中，原来的那种挑战情绪消失了，甚至对对方产生了一种亲近感。而这些，其实是政治家一手安排的。当人们发现杰出的权威人物也有许多弱点时，过去对他抱有的恐惧感与诸多成见就会消失。

善于选择示弱的内容，在交际中显得也很重要。地位高的人在地位低的人面前不妨展示自己的学历，表明自己实在是个平凡的人；成功者在别人面前多说自己失败的纪录，现实的烦恼，给人以"成功不易"、"成功者并非万事顺利"的感觉；对眼下经济状况不如自己的人，可以适当诉说自己的苦衷：诸如健康欠佳、子女学业不好以及工作中的诸多困难，让对方感到原来"他家也有一本难念的经"；某些专业上有一技之长的人，最好宣布自己对其他领域一窍不通，坦露自己日常生活中如何闹过笑话、丢过丑等；至于那些完全因客观条件或偶然机遇侥幸获得名利的人，更应该直言不讳地承认自己是"瞎猫碰上死老鼠"。

懈怠他人的注意力，是示弱的根本要点。要懈怠他的注意力，你不要示强，而要示弱；示弱要有步骤，逐步表现衰弱的迹象，使他信以为真，以为你已是强弩之末，自然产生对你轻视的心理。轻视心理的外表化，就是懈怠对你的注意力。

某商业机关，在野派与当局派竞争行政管理权，大家从拉拢股权入手。开始登记股权以后，在野派活动甚力，所拉拢的股权超过当局派。他们有人严密注意双方股权的比例，只见当局派的股权登记数目渐减，显现不支的势头。在野派预算其余股东，远

在他处，不易拉拢，自信已操胜算，对于当局派的注意力因此懈怠。谁知当局派早已有人在外省拉拢股权，把拉到的股权暂时藏起，不办登记手续，直到登记限期届满的那一刻，才全数携往登记。时限已满，在野派再无挣扎余地，对这一致命的打击，简直无法招架，遂告失败。

细察当局派的斗智经过，是采用了当年孙膑减灶隐藏实力，智胜庞涓的方式。而最后的力斗，又岂是马陵一战呢？

【片言絮语】

对手当前，不能不抗，不抗，你是必败无疑；但也不能硬拼，硬拼，同样没有绝对的把握。此时，故意示弱不失为一计良策。在特定的情况下公开承认自己的短处，有意暴露自己某些方面的弱点，可以说是一种高明的交际策略。

2. 小不忍则乱大谋

"大丈夫能屈能伸"，这是一条千年古训，多少风云人物英雄豪杰都因"善屈善伸"而叱咤风云，所向披靡。一个人涉身处世，如果只是一味争夺，不知退让，是无法成就大事的。

洪应明在《菜根谭》中说："处世让一步为高，退步即进步的根本。"宋代大诗人苏洵曾经说过："一忍可以制百勇，一静可以制

百动。"这就是说忍的作用可以抵得过千军万马。我们常说：小不忍则乱大谋。要想成就一番大业，就得忍住那些小欲望，或一时一事的干扰。说白了，就是"放长线钓大鱼"，就是要站得高，看得远，不为眼前的小是小非缠住手脚，排除各种干扰，创造条件奔向大目标、大事业。

回首中国千年历史，总结帝王将相几多兴衰成败，不难得出："能屈能伸"是大丈夫立志成业的精髓要义，是博大精深、包罗万象的大哲理、大智慧。立大志，需以"屈"处世；成大业，要靠"伸"显才。

《周易》中有"天行健，君子以自强不息"的话，是说天道运行强健不息，君子也应该积极奋发向上、永不停息才对。《孟子》中那一段尽人皆知的"天将降大任于斯人也，必先苦其心志，劳其筋骨，饿其体肤，空乏其身，行拂乱其所为，所以动心忍性，增益其所不能"的话，也很好地总结了如何才能走向成功彼岸的道理。

面对挫折、打击、磨难，应该沉着应对，不能被这些困难所压倒，更不可由此沉沦。只要奋勇拼搏，就还有东山再起的可能。

当然，不是有大志就能实现大志。在奋斗的过程中，不同的人会有不同的遭遇，所以要能够忍受失败的痛苦，遭受挫折以后的消沉，要总结经验和教训，努力奋斗，摆脱遭受挫折后的困顿。

在受到挫折和困厄时，暂时隐忍，修身养性，冷静地分析一下自己失败的原因，听一听他人的意见，也是忍受挫折的一种方法。

在成长的过程中，苦难只是一个试金石，它考验着我们的意志，也发掘出我们内在的潜能和才华。忍耐不是把自己逼到墙角，而是跳脱现有格局，看到更宽广的未来；不是让自己落到忍无可忍的地步，而是不断地转换心境，持续地化解内在的紧张，在坚忍不懈的过程中，激发出自己从来都没有发觉到的能力。咬紧牙关，就是一种坚忍的态度，逼迫着我们发挥出真正的力量。

【片言絮语】

一个真正想成就一番事业的人，志在高远，不以一时一事的顺利和阻碍为念，也不会为一时的成败所困扰。面对挫折，必然会发愤图强，艰苦奋斗，去实现自己的理想，成就功业，这是一种积极的人生态度。困难正是磨炼意志的最好时机，只有经受了困难挫折考验的人，才能成大事。

3.鹰立如睡，虎行似病

俗话说："鹰立如睡，虎行似病。"这形象地说明了两种自然界中最强有力的动物的攫食之道。这种强者装弱的方法，既避免了因锋芒太露而引来攻击，又麻痹了对手，所以它们一旦出动捕食，几乎从不落空。古今成大事者，往往效法它们而取得成功。

魏明帝景初三年（公元 239 年）正月，明帝曹睿在弥留之际，命司马懿和曹爽辅佐幼子曹芳，并让齐王曹芳前去抱司马懿的脖子以示亲近，司马懿感激涕零，连表忠心。当日即立曹芳为皇太子，曹睿便放心地死了。丧事办完后，遵照遗嘱，大将军曹爽和太尉司马懿共掌朝政辅佐幼主。当时，曹芳刚刚八岁，大权自然落在曹爽和司马懿手中。但曹爽与司马懿二人资望能力却有很大的差距。司马懿老谋深算，德高望重，两个儿子司马师、司马昭也能征善战，

故对曹氏政权构成很大威胁。曹爽是宗室后代，也有一定资历，当时曹芳年幼自然没什么主意，他总怕大权旁落他人之手，当然要倾向于曹爽而疏远司马懿。

几年后，曹爽渐渐地培植起了自己的势力和排挤司马懿的人，等到时机成熟时，又夺了司马懿的兵权，撤销了太尉的实职，而安排一个太傅的空衔给他。司马懿见曹爽的势力控制了朝廷，于是装病在家，不问朝政了。曹爽揽权贪位，见司马懿告病家居，也不问是真是假，便得意忘形起来。他提拔自己的弟弟曹羲为中领军，曹训为武卫将军，曹彦为散骑常侍，控制了宫廷京师的武装大权。因此曹爽日益胆大妄为，天天与亲近的人吃喝玩乐，出行的时候车辆仪仗舆服皆仿皇帝规模，甚至把宫中的妃子、乐师也带回家中寻欢作乐。曹爽的所作所为渐渐失去人心，一些正直的官更有些看不惯，非议渐起。

司马懿装病家居，其实一天也没闲着，对朝政和时局反而更加关注了。曹爽行为渐失人心的情况，他都了如指掌，心中暗暗高兴，于是静待时机。

正始九年冬，曹爽的党羽李胜由河南尹调任为荆州刺史。临行前到太傅司马懿家去辞行。司马懿熟谙官场之事，听说李胜来访，向身旁的侍女嘱咐几句后传令进见。李胜来到司马懿养病的卧室，只见司马懿躺在病床上，头发散乱，面容憔悴。一看李胜进屋，忙挣扎着要坐起，两个侍女立刻扶起他，一个侍女递给他外衣，司马懿十分用力地去接衣服，然而手一颤，衣服竟落在地上。两个侍女忙弯腰帮他拣起，好容易才把衣服给他穿上。接着司马懿又以手指着嘴，侍女忙端来一碗稀粥，司马懿也不用手去端，伸了伸脖子就喝，结果里一半外一半，胡子上都是稀粥和饭粒，前大襟上还洒了一大片。侍女忙拿手巾来擦。

李胜见状，忙往前凑了凑说："只听人们说您中风病犯了，想不到竟病到这种程度。"司马懿上气不接下气地说："唉！年老病

重，死期不远。君屈任并州，并州接近胡地，您可要当心啊！"说完喘了两口气又说："恐怕你我不能再见面了，我把两个儿子师、昭托付给您，请您多照应。"李胜见他说错了，就纠正说："我上任荆州，不是并州！"司马懿听了，大惑不解，偏偏头侧过耳朵问："什么？放到并州？"李胜只好再改口说："我放到荆州。"司马懿这才假装若有所悟地说："啊！都怪我年老意荒，耳朵也背，没听明白您的话。您这回到了'并'州任官，要好好建功立业啊。"又寒暄几句，李胜告辞。

曹爽得到李胜的报告，听他绘声绘色地描述司马懿病重昏聩的老态，心中更加轻松，从此完全不把司马懿放在心上了。司马懿用这种装疯卖傻的方法，打发了属于曹爽一党来探望病情的几个人后，见再也无人来问疾，便知此计奏效，于是加紧了各项准备工作。

正始十年正月甲午日（公元 249 年 2 月 5 日），皇帝曹芳到洛阳城南去祭扫明帝的平陵。曹爽、曹羲、曹训掌握兵权的兄弟三人全部随驾出城。平陵距洛阳九十里，按当时的交通条件势必不能当日返回，必须驻扎在外。

曹爽兄弟随皇帝出城的消息早有人报告给司马懿，他一边派人再去观察，一边就开始了紧张的部署。待三个时辰过后，估计皇帝车驾出城已远。司马懿立刻分派两个儿子及心腹家人，还有以前的门生故吏分别夺取城中禁中的兵权，马上占领了武器库、府库、皇宫和太后宫等要害部门，又以最快的速度关闭所有的城门，并立即带领亲兵出城驻守在洛水浮桥边。一个时辰里，一切部署停当，整个洛阳城进入了高度紧张的战备状态。这样，司马懿控制了京城和皇太后。一切就绪后，司马懿以皇太后的名义写信给曹爽，要求他保护皇帝回城，只要投降即可免杀。曹爽本是庸俗无能之辈，不听手下人的劝告，竟然投降回城。

不久，司马懿在剪除曹爽的羽翼之后，就以谋大逆的罪名把曹

爽兄弟及亲信诛杀净尽。从此，司马氏独掌朝廷大权，为篡魏自立，建立西晋王朝奠定了基础。

司马懿本身即是鹰是虎，却又装成衰弱得不堪一击的样子，曹爽受了麻痹，只当他是只病猫，却不知自己早已成了司马懿爪下的猎取对象。司马懿把心高而气不傲演绎到了极致，野心勃勃却看起来行将待毙。所以，他的成功就只是时机的问题了。

【片言絮语】

做人要有点弹性，学点"弹簧之道"。形势不利于自己时要学会隐藏强大的实力，免得被人嫉妒而遭暗算，要给人一种软弱无力的假象，这样才能保护自己，伺机而动。

4.欲擒故纵，练好"忍"字功

欲擒故纵"忍"字为先。俗话说：心字头上一把刀，不忍自把祸来招。这句话说明了"忍"之不易，"忍"之效用。如果这个过程中不能很好地隐忍自己，受不了丁点的委屈，不仅擒不了别人，反而会使自己成为别人的囊中之物。因此，成大事者无不善于"忍"功。

清朝一代明君康熙的"忍"就非常的了得，最终开创了中国古代史上最后一个盛世——"康乾盛世"。顺治十八年（公元1661

年），顺治帝驾崩，其第三子玄烨即位，是为康熙皇帝。当时，康熙才七岁零九个月，年龄很小，顺治临终前便把索尼、苏克萨哈、额必隆和鳌拜四人叫来，让他们做顾命大臣，尽心尽力辅佐小皇帝康熙。

光阴荏苒，到康熙六年（公元 1667 年）的时候，皇帝已经年满 14 岁，按规矩可以像顺治一般亲政了，但是顾命大臣们特别是鳌拜却一点没有还政的意思。康熙十分不乐意，一心想除了这位骑在自己头上的大臣，不愿再当傀儡。于是，一场不可避免的权力之争开始了。

自小在宫廷长大的康熙皇帝，对统治集团内部的明争暗斗十分熟悉，早早地学会了勾心斗角的本领。他知道鳌拜在朝廷里势力庞大，用公开的手段绝对解决不了问题，反会激化矛盾，引来大麻烦。于是他在表面上一再容忍鳌拜，有时甚至装出畏惧鳌拜的样子。康熙一再加封鳌拜一家，连鳌拜的儿子也当上了太子少师。鳌拜经常称病在家，自己不上朝，可政事都由他在家里处理，朝廷反倒成了摆设，康熙听之任之，从来没有异议。鳌拜一家贪污索贿，结党营私，康熙睁一只眼，闭一只眼，只当没看见。鳌拜借口维护祖宗成法，恢复圈地，其他大臣反对，他就当着皇帝的面大声呵斥其他大臣，康熙只得咬咬牙，忍住不开口。

有一天，鳌拜又称病拒绝上朝了，还托人带口信给小皇帝，要康熙登门探望他的病情。康熙知道鳌拜是在试探自己，不去可不行，就带着人来到鳌拜家。进了鳌拜的卧室，康熙立即觉得气氛不对，鳌拜躺在床上，神色却十分紧张。卫士们也觉察到这一点，立刻有人到鳌拜睡的床上的被褥下边搜出了一把利刃。面对皇帝，暗藏利刃，这可是一件涉及到谋反的大罪。皇宫里的卫士们见自己在鳌拜府中，生怕皇帝一声令下要抓人，反而讨不了好，紧张得不得了。鳌拜也更加紧张起来，自己跟小皇帝这么对着干，弄不好先自己惹火上身。

就在剑拔弩张的刹那间，康熙皇帝却镇定自若地发了话："满族勇士本来就该刀不离身，你们紧张什么？"一句话化解了一触即发的危机，进一步安了鳌拜的心。其实，小皇帝这是在欲擒故纵，鳌拜却以为玄烨只是个乳臭未干的小孩，什么都不懂，因此就放松了对皇帝的监视。康熙却设下了妙计，要活捉专横跋扈的鳌拜。

为了除掉鳌拜这个心头之患，在这以前，康熙已经作好了必要的准备。他按照满清皇朝的规定，在满族权贵人家中间，选了一批身强力壮的子弟充当自己的贴身警卫。这些半大的孩子，跟皇帝年龄相仿，平日里天天在一起练习摔跤。有时候鳌拜进宫办事，他们也照样摔跤，玩儿得热热闹闹。这就给鳌拜一种假象，以为皇帝跟这群孩子一样，淘气得可以，不问国家大事，只知道打闹找乐子。看此情景，鳌拜心中暗喜不已。

鳌拜装病试探皇帝的事发生之后，按理该入宫答谢，并且向皇帝汇报这几日发生的事。康熙见时机已经成熟，就把平日和自己一同练习摔跤的卫士们找来，安排好捉拿鳌拜这件至关紧要的大事。康熙对卫士们说："你们是怕我，还是怕鳌拜？"这些侍卫平日早被灌输了憎恨鳌拜的思想，便齐声回答："我们只怕皇上。"康熙接着说："鳌拜身为辅政大臣，却有违祖先规矩，处处安插亲信，排斥异己，擅杀大臣，实在是太过分了。"说着说着，他禁不住提高了嗓门，"那天的事，你们都看到了，他在被子下边居然藏着刀子，胆敢害到皇帝头上来了。朝廷里的大事，都由他在家里商量好了才启奏，我这个皇帝还有什么可做的？照这样下去，大清什么时候才能富强？"接着，他又放低嗓门，对侍卫们说："你们虽然年轻，可都是我的亲信。要除掉鳌拜，只有靠你们！"他话声越说越低，把早已深思熟虑好的计划告诉了卫士们。这批侍卫听了，个个摩拳擦掌，只等着鳌拜前来，可以执行皇上布置好的任务。

鳌拜进宫的时间到了，他依然像往日一般，大摇大摆，一副旁若无人的样子。来到皇帝的住处，只见平日那些孩子侍卫们正准备

着练习摔跤，一个个蓄势待发，好像士兵即将出征一般。看着这些娃娃又在闹着玩儿，鳌拜一脸的不屑。不料那群孩子突然冲上前来，抱腰的抱腰，拧腕子的拧腕子，蹬腿窝的蹬腿窝，一下子跟这位满人里的"巴图鲁"大臣较起了劲。初时，鳌拜还以为小皇帝跟自己闹着玩儿，便听凭那些娃娃掰了自己的腕子，揪了那条辫子。待到一群孩子把他扳倒在地上，他才觉得不大对头，斜着眼去瞧指使他们的皇帝，只见康熙一脸的冰冷，又听得小侍卫们满口的怒骂，方才觉得大事不妙。这时他再要挣扎，已经迟了。鳌拜一下子被捆了个结结实实。

拿了鳌拜，康熙立刻召集大臣，把鳌拜交给他们审理。大臣们早就恨透了这位专横的顾命大臣，一桩桩列举他的罪状，一致要求将他处死。康熙听了，倒没有赞成大臣们的意见，只说了一句："念他替朝廷效力多年，军功卓著，免死。"死罪可免，活罪难饶，鳌拜被判终身监禁。而他那些死党，则被一网打尽，处死了一批，另一批判了刑。

康熙皇帝年仅 16 岁的时候，不动声色地拿下权臣鳌拜，把大权收归己有，扫除了管理国家道路上的一大障碍，体现出一位杰出的政治家的魄力。从此以后，他精力充沛地开始治理国家。在他统治下，一个个棘手的问题迎刃而解，满清政权开始进入全盛的时期。

【片言絮语】

俗语说：大丈夫能屈能伸。忍即屈也，勇即伸也。即忍耐与勇猛兼容，择时择事而用。屈不是无能的表现，形势不利，以退为进，隐忍能等待伸的时机。缺乏忍耐的人最易坏事，成功人士都具有忍耐这个难得的资质。

5.眼光要长远，接受暂时的低头与让步

人处困境的时候，为大局着想不能不低头退让。暂时的"低头"是为了将此当作磨炼自己的机会，不断丰富、充实自己，以图将来东山再起，而绝不会消极乃至沉沦；而那些经不起困难和挫折的人，往往会彻底失去希望，畏缩不前，不愿想法克服眼前的困难，只是一味地怨天尤人听天由命，那是真正的低头。

楚汉相争中，刘邦由于势力较弱，接连吃败仗。汉四年，刘邦兵败，被项羽围困在荥阳。

他的大将韩信亲自带领一支军队，北上作战，捷报频传，连下魏、赵、燕诸王国，最后又占领了齐国全境。

韩信派使者来见刘邦说："齐人狡诈反复，齐国又与强楚为邻，如果不设王威慑，不足以镇抚齐地，请大王允许我暂代齐王。"刘邦一听，勃然大怒，破口大骂："他妈的，我坐困荥阳，日夜盼望你韩信带兵来增援，你不但不来，反要自立为王！我……"此时的刘邦只看到了自己所处的危境，所以也就全然没有了风度，把自己的本性暴露无遗。

恼怒不已的刘邦，感到自己的脚被人狠狠踩了一下，他发现坐在边上的张良向他示意了一下，便止住了下面的一连串骂人的话语。张良清楚地知道韩信是当世首屈一指的将才，手下又拥有强大的兵

力，处在举足轻重的地位上。刘邦如与韩信翻脸，会对他大大不利；反之，如果能调动韩信的兵马，就能重创楚军，使楚汉对峙的局面向有利自己的方向转变。

因此，张良靠近刘邦，悄声说："大王，韩信手握重兵，右投则大王胜，左投则项羽胜。我们对他的要求要慎重考虑。"刘邦气还未消，不高兴地冲着张良说："那你说怎么办？难道就被这小儿挟持不成？"张良说："现在我们正当危急时刻。弄翻了关系，他自立为王，我们也毫无办法。逼急了他，他一旦与项羽联手。大王的大事危矣！不如趁势正式立他为王，调动他的军队击楚。如果不迅速决断，迟则生变！"刘邦毕竟是非常聪明的人，听了张良的话，马上恢复了理智，但他仍接着刚才气汹汹的口气骂道："他妈的，男子汉大丈夫，要做齐王就做真齐王。做什么代齐王！"

刘邦当即下令派张良为使节，带着大印到齐地去，立韩信为齐王，并征调韩信的军队。局势很快发生重大转折：汉军由劣势向优势转变，逐渐对楚国形成了包围之势。后来，刘邦终于在垓下全歼楚军，赢得了战争的最后胜利。

刘邦知道得到天下，韩信确实功不可没。因此，他深知忍小才不致失大的道理，在立韩信为齐王这点做了很大的让步，应该说，刘邦在隐忍方面的度量做得让人佩服。

说起名将韩信，可谓家喻户晓，妇幼尽知，其武功盖世，称雄一时。而他也是堪称善忍让之术的典型。韩还未成名之前，并不恃才傲世，目中无人，相反，倒是谦和柔顺，能屈能伸。

一日，韩信正在街上行走，忽然，面前拥出三四个地痞流氓。只见他们抱着肩膀，叉着双腿，趾高气扬地眯着眼睛斜视韩信。韩信先是一惊，随即便抱拳拱手道："各位仁兄，莫非有什么事吗？"其中一个撇了撇嘴，怪笑道："哈哈，仁兄？倒挺会说话，我们哥儿们是有点事找你，就看你敢不敢做啦！"韩信依然很平静地说："噢？不知是什么事，蒙各位抬举竟看得起我韩信？"那些人都哈哈

地大笑起来，刚才说话那人说："哈哈哈，什么抬不抬的，我们不是要抬你，而是要揍你！"其他人也跟着阴阳怪气地笑着，指着韩信嘲笑他。

韩信看看他们，依旧平心静气地问："各位，不知我哪里得罪了大家，你我远日无仇，近日无冤，为什么要揍我？我实在不明白。"那人怪笑三声，说："不为什么，只是听说你的胆子很大，今天我们几个想见识一下，看你到底有多大的胆子，是不是比我们哥儿们胆子还要大？"韩信一听，这不是没事找事，故意为难自己吗？他心中很是气愤，却又忍住了怒火，面上赔笑道："各位，想是有人信口误传，我韩某人哪里有什么胆识，又岂能跟你们相提并论？我没有胆识，没有胆识。"那群人轻蔑地望着韩信，听他这样说，依然不肯放他过去。

此时，那领头之人，"当啷"一声将宝剑抽出来，往韩信面前一扔，将头向前一伸，对韩信说："看你老实，今天我们不动手。你要有胆识，你把剑拿起来，砍我的脑袋，那就算你小子有种。要不然嘛，你就乖乖地从我的胯下钻过去，哈哈……"韩信望望地上亮闪闪的锋利的宝剑，又看了看面前叉腿仰头而立的地痞头头，皱了皱眉，围观的人早已纷纷议论，都非常气愤，让韩信去拿剑宰了这狂妄的小子。

韩信暗暗咬咬牙，却并未去拿那剑，而是缓缓屈身下去，从那人的胯下爬了过去。众人无不惊愕，连那群流氓也怔在那里发呆。韩信则立起身掸尽尘土，头也不回，扬长而去。从那以后，那群流氓再也没找过韩信的麻烦。而韩信后来功成名就，又提拔当年的那个流氓作了个小小的官吏。那人自然是感恩戴德，尽心尽力。

韩信可谓是一个聪明、顾大局的人。试想，如果当时韩信火冒三丈，一怒之下举剑杀了那个人，那么必然会有一场恶战。胜负倒先不说，纵使是韩信胜了，也免不得要吃官司，平空无故地惹出横祸，那对他日后的发展定会产生很大的障碍或留下深深的隐患。

【片言絮语】

做人处世，切勿为了确保眼前的短期利益或者面子，而忍受不了小小的委屈或者让步，结果因小失大，追悔莫及。其实，在人生很多过程中，都应该时时地自我提醒，千万不能因为只顾及眼前得失而忽视了长远的目标，绝不能因小失大得不偿失。

6.忍辱负重才能东山再起

人生起伏，不可能处处得志，实力不济时不要硬碰，鸡蛋碰石头从来是没有什么好下场的。先屈就自己，再积蓄实力以图厚积薄发，则万事可成。

在我国的春秋时期，吴王夫差把越王勾践打败，吴国便趁机要越王勾践夫妇到吴为奴仆，勾践将国事托给大夫文种，让范蠡随他到吴国。于是，夫差便令勾践为其牵马，令人辱骂，勾践也是一副奴才的样子，对其俯首是从。

勾践就这样在吴国过着非人的生活。有一回夫差大病，勾践便暗中命范蠡探看，范蠡回来告诉他夫差的病不久即可痊愈。于是勾践便亲自去见夫差，当然是以探问病情的理由，并且让周围所有人都惊讶的是，当着众人的面，他竟然亲口尝了夫差的粪便。

之后勾践便向夫差道贺，说大王的病不几日就能好转，并且向

夫差磕了个头，凑近他身旁告诉他："我曾经跟名医学过医道，只要尝一尝病人的粪便，就能知病的轻重，刚才我尝了大王的粪便，味酸而稍微有些苦头，这是得了医生所说的时气病，此症一定能够好转，大王不用太担忧。"

吴王夫差看到勾践对自己如此"忠心"，被他的话语和行动所感动，再加上没过几日身上的病果然好转过来，于是夫差动起了恻隐之心，不顾群臣的苦心劝阻，便把他放到越国去了。

如猛虎归山的勾践回到越国后，不近女色，不观歌舞，受抚群臣，教养百姓。他靠自己耕种吃饭，靠妻子亲手织布穿衣，不吃山珍海味，不服绫罗绸缎。勾践甚至褥子都不肯用，床上尽是些干柴干草，并且用绳悬挂一个苦胆，日日尝之，以此提醒自己不要忘掉昨日受的凌辱与苦难。他还常常到外地巡视，探望孤寡老弱病残。诸夫对他更加爱戴，他便对他们讲："我预备同吴兵开战，望诸位肝胆相照、奋勇争先，我当与吴王颈臂相交，肉搏而死，此乃我一生凤愿。如果这不能办到，我将弃离国家，告别群臣，身带佩剑，手举利刀，改变容貌，更换姓名，去做奴仆，侍奉吴王，以找机会与吴开战。我知道这要被天下人所羞辱，但我决心已定，一定要实现！"

越国经过多年的休养生息，终于与吴国进行了决战。越军勇猛无比，吴军惨败，越军包围了吴王王宫，攻下城门，活捉了夫差，杀死其宰相。灭吴之后，越国势力大大增强，民心欢悦，越国遂称霸于诸侯。

能成大气候的人在处于弱势或落魄时，为了未来的成功会以屈待伸，忍耐一时之愤，这是趋吉避凶的高深智慧，也是方圆处世的手段。

公元前206年，项羽占有楚魏东部九郡之地，自封为西楚霸王，定都彭城（今江苏徐州）。项羽又违背先入关中者为关中王的前约，改封先入关中的刘邦为汉王，封地有巴蜀和汉中41个县，国都为南

郑（今陕西南郑县东北）。巴蜀之地，是秦朝流放罪犯的偏远荒凉之地，刘邦心中非常不快。这不仅夺了他的关中王之位，而且等于公开被贬谪了，于是刘邦怨恨项羽言而无信，意欲进攻他。

对于刘邦的心思，项羽的谋臣亚父范增早就看透了，对项羽说："刘邦被封为蛮夷之地的汉中王，他若愿意去，定是图谋不轨，想日后伺机反扑，应当立即处死他。他若不肯去，那就是违抗您西楚霸王的命令，是对您公然的藐视，也要立刻杀掉他！"项羽命人将刘邦找来，想试探一下他的态度。

刘邦听说项羽召见，早已猜到其用心，虽然明知此去凶多吉少，但又不能公然抗命不去，心中盘算着怎样应对这场智斗。刘邦来到殿前，恭恭敬敬地伏在地上说："拜见霸王千岁！"那谦恭的样子使项羽心中异常受用，立即放松了警惕，笑着问道："沛公，你先入咸阳，功劳可嘉，我特意加封你为汉中王，代管巴蜀，不知你意下如何？"刘邦听罢，马上意识到项羽暗藏杀机，只要一语有失，便会人头落地。他沉吟片刻，然后从容地答道："我好比霸王您胯下的一匹坐骑，何去何从全由您做主。"项羽闻听此言，既对刘邦的恭维感到自得，又觉得刘邦的话无懈可击，因此也就没有了杀他的借口，便让刘邦下殿去了。刘邦谢恩退出大殿。

刘邦急忙回到自己的营地，稍加打点，就依张良之计，偃旗息鼓，人不解甲，马不停蹄，率军急匆匆地向巴蜀进发。他决心以巴蜀偏塞之地为依托，招兵买马，养精蓄锐，待力量充实了，再还三秦，谋取天下。

刘邦能以一个政治家的眼光，从宏观和全局着眼，在形势于己不利时，暂忍一时之忿，以屈待伸，沉着冷静地等待时机，显示了惊人的胆识和气魄。为了进一步打消项羽的疑虑，便于自己在蜀地休养生息，他又采纳了张良之计，把走过的三百多里栈道全部放火烧毁，做出一副无意东归的姿态。

项羽闻知刘邦率军已向巴蜀进发，才感到范增所言极是，立即

派季布带三千人马前去追赶，然而为时已晚。当季布率兵追到栈道口时，刘邦大军早已无影无踪，且栈道已毁，季布等人只能望崖兴叹，空手而返。刘邦后又拜韩信为大将军，广纳贤才，休兵养士，最终在众贤士的帮助下，使得不可一世的西楚霸王自刎乌江，统一了天下，开创了大汉王朝。

【片言絮语】

"忍辱负重"，即自己的行动目标不能轻易暴露，而且必须有一定的掩饰，哪怕是自己受多么大的委屈也要忍受，成大业者只有在成功之后才可以论说其成功之道。

7.争一世不争一时

只有目光长远，高瞻远瞩，胸怀宽广，不计眼前得失，才能成其大事；目光短浅，鼠目寸光，斤斤计较于眼前小事，是不可能有所作为的。不争一时短长，给自己制造一个好的环境，全心投入长远利益，那么眼前失掉的，以后都会得到加倍的补偿。

伟大的思想家庄子曾讲过一个故事，一般钓鱼的人，扛着鱼竿，整天东游西荡，哪里都去，池边、河边、湖边，天天都能钓上一些小鱼小虾米，热闹快活。可是有个渔翁却只在海边去钓海鱼，他用的鱼钩大得像船锚，钓鱼的绳子粗得像水桶。他不屑于

去钓那些小鱼虾，而是长年累月坐在海边的悬崖上垂钓，历经风霜雪雨，然而 10 年来一无所获，可他仍然坚定不移。不少人都觉得这个人很笨，10 年来，他每次都是空手而归，浪费了时间和精力，这个亏吃的确实不值得。可是没过多久，渔翁终于钓到一条大海鱼，鱼捞上岸后，被分割开来，全国人都能享受这条鱼肉的鲜美，而且好长时间都没有吃完。

庄子讲这个故事的含义就是不争一时之长短，不计眼前得失，哪怕眼前吃点亏，但是要记得，大的收获是必须付出长久的努力与等待的。

身处大千世界的我们，每时每刻都会遇到各种各样的机会，也会面临着种种选择。如果这些机会和选择只是一种个人的事情，也许就好办多了。但现实往往不是如此，冲突、竞争，也时时伴随着我们的每一次机会与选择。

面对这种情况，我们不可能事事争、处处上，而不得不放弃一些无关宏旨的东西，也必须要对一些自己颇为喜欢，但出于某些原因而不能为之的机会忍痛割爱。特别是在一些唾手可得的东西上，以及在一些自己本身完全具有竞争力和理由的机会中，我们也可能会由于某些因素而主动地让予他人。一句话，我们想要的常常无法完全获得，尽管它们本来是属于我们的，而必须去吃些亏，让出自己的一部分权利和利益。

我们应该知道，放弃并不只是一种"小不忍则乱大谋"，而是一种更主动的人生智慧。因为，这种放弃、让予、"吃亏"，往往并不一定是为了达到某一个更高的目标，而常常是出于另一种原因，一种预测到，也了解到自己不可能获得自己所有应该获得的机会和利益的明智。既然如此，我们又何必煞费苦心地去争、去比、去要呢？我们反正是要失去一些的，那么，把这种必然性的东西驾驭在自己的主动权之下，岂不是更好吗？这本身就已经是占了大便宜。

因为不懂得这样做的人，表面上看，可能争上了他可能碰到

的各种机会，但实际上他由于完全陷于已有的机会中，则不能不失去后来的各种机会的选择。相反，有远见的人则始终把这种主动权操在自己手中，尽管失去了一些机会或者吃了些"亏"，但也无妨大事。

科学早已证明，人的聪明才智本就相差不大。有的事业非常成功的人，资质其实很普通，有的甚至有身体的缺陷。之所以结果不同，最重要的是在于后天努力的差别。总体上来说，人的时间和精力是有限的，除掉幼儿、少年期和老年期，真正用来做事业的时间也就是30多年的时间。如何在这段有限的时间和有限的精力下造就人生最大的成功，是我们要考虑的，因此要有所为有所不为，这样才能大有所为。

选准适合自己的目标，然后脚踏实地去做。不要被别人的成功所迷惑，那是别人的事情。自己不要去争一时之得失，计一时之荣辱，更不要为眼前的蝇头小利所痴迷，耽误了人生大事。这里最重要的首先是确定自己人生的目标，其次是坚持不懈，直到成功为止。要知道，这个世界上从来没有不劳而获的东西，越是巨大的成功，越是伟大的事业，需要付出的努力与牺牲也就越大。

反过来说，你付出的努力越大，越能取得大的成功。看到成功人士的荣耀的同时，要认识到人家比你付出的要多得多。有的人看到人家小利不断，既热闹又神气，就守不住自己的目标，无法忍受暂时的孤独和寂寞，或者跑到别人那里去贪图一时的小利，却耽误了自己的大事，这都是不足取的。所以，你一定要有思想准备，没有这点志气与毅力是成不了大气候的，也不可能有什么大的作为。

从字面上来看，不争一时之长短还有另外一层意思，形势不利时要善于退让和学会吃亏。

有的事情不能急于一时，目光要放长远。所谓君子报仇十年不晚，那些懂得能屈能伸的人才能获得最后的胜利。

近代名将蔡锷对付袁世凯采取的就是这种办法。袁世凯窃取了

辛亥革命的果实，夺得了大总统的宝座后仍然贪心不足，还想复辟帝制当皇帝。为了笼络人心，排除异己，他把蔡锷诓骗到北京软禁起来。

蔡锷心里明白，要懂得忍辱负重，不能争一时之长短，索性处处假装顺着袁世凯，还装作胸无大志的样子，纵情声色犬马之中，袁世凯便真的对蔡锷放心了。就这样，蔡锷稳住了袁世凯，最后瞅准机会脱身回到了云南，领导了护法运动，推翻了袁世凯的反动统治。

"争一世不争一时"。人生有得意时就有失意时，在不利的形势下，面对强大的敌对势力，要能委屈自己，要能不计眼前得失，把目光放远，这样才能最终实现自己的目的。

【片言絮语】

"争一世不争一时"。做人一定要有宽广的胸襟，要有远大的眼光与志向，不要争一时之短长，计较眼前的得失。正如一位智者所言，老鹰有时比鸡飞的还低，但是人们从来未因此而认为鸡比老鹰要矫健。

8.藏巧露拙以求自保

长期以来，中国人喜欢"藏巧露拙"，把自己有本事和优越的地方藏起来，不让人发现，而最好的藏巧露拙办法就是装愚。愚笨是一个人应该得到原谅的缺点。一个人已经愚笨了，对他还能有什么要求？特别是处于某种轻重不得的尴尬局面时，装愚也许是最佳选择了。

宁武子是春秋时代卫国有名的大夫，姓宁，名俞，武是他的溢号。宁武子经历了卫国两代的变动，由卫文公到卫成公，两个朝代国家局势完全不同，他却安然做了两朝元老。卫文公时，国家安定，政治清平，他把自己的才智能力全都发挥了出来，是个智者。到卫成公时，政治黑暗，社会动乱，他仍然在朝做官，却表现得十分愚蠢鲁钝，好像什么都不懂。但就在这愚笨外表的掩饰下，他还为国家做了不少事情。所以，孔子对他评价很高，说他那种聪明的表现别人还做得到，而他在乱世中为人处世的那种包藏心机的愚笨表现，则是别人所学不来的。其实，真正学不到的是宁武子的那种不惜装愚来利国利民的情操。从这个意义上讲，宁武子是个不折不扣的为人高手。

明武宗南巡，扬州知府蒋瑶少不得要接待圣驾，但蒋瑶为人清廉方正，不肯横征暴敛来巴结皇上身边的那些小人，因此，得罪了他们。

　　明武宗是个钓鱼迷，这一天正好钓到一条大鲤鱼，想找个人给卖了。可御钓之鱼岂是常人买得起的？那些小人一看机会到了，就对皇帝说，这条鱼卖给扬州知府最合适了。明武宗听了，真的把蒋瑶叫来，要他买下鲤鱼。蒋瑶回家取来了妻子的首饰和几件好一点的衣服，跪在地上献给皇帝，说道："皇上此鱼乃无价之宝，臣这里只有妻女的一些首饰和衣物，臣死罪死罪。"蒋瑶一则拿不出钱，二则即使拿得出钱也难以同皇上做买卖，三则更不能同皇上斗智，冒犯了龙颜，这样就正好遂了小人们的心愿。所以，蒋瑶进退无路，干脆装傻，好像同普通渔翁做生意一般，把妻女的东西拿来换。这样做，充其量出一回洋相罢了。明武宗看到蒋瑶实在拿不出更多的银子，只好把这条鲤鱼赐给了他。

　　北魏的崔巨伦曾身陷敌手，对方统帅听说过他的才能和名望，想利用他，崔巨伦却想脱身逃走。他奉命作诗，便胡诌一首，弄得大家哄然大笑，以为他徒有虚名，不把他当回事，崔巨伦才得以脱身。

　　然而，装愚也不是什么地方都行得通的，有些场合下，愚蠢是没有价值的，只有显示自己的才能，才会得到对方的尊重从而保全自己。

　　嘉靖年间倭寇侵掠江南，昆山有个姓夏的书生被倭寇俘虏，他就自称有诗才。倭寇将领一听，待他如同上宾，每天同他作诗唱和，夏书生因此免遭于祸。过了很久，夏生要求回家，倭寇将领还送给他许多礼物。

　　崔巨伦不能不装愚，因为对方想利用的就是他的才，在这种场合，才本身是个祸根。而夏生不能装愚，因为倭寇对杀一个愚人毫不在乎，但他们武化之余还需要点文化，加上本身对中国诗歌的欣赏和爱好，一个有诗才的中国人在他们眼里是很有价值的。崔、夏二人要是不分对象互换一下位置，那就都得遭殃了。

　　人在装愚时，总还想有点作为，要是纯粹用于自保的话，那干

脆再披上厚一点的盔甲，装醉、装聋、装疯、装死，让对方无从下手，办法也许更有效一些，特别对那些已有名声且身处相熟者中间的人，尤为适用。

魏晋时，阮籍是竹林七贤其中之一。魏国权臣司马昭原想同阮籍结为儿女亲家，让阮籍把女儿嫁给司马炎，即日后废掉魏帝建立西晋的晋武帝。阮籍不想卷入当时黑暗的政治，又不便明着反对，就借嗜酒而连醉 60 天。司马昭见他终日沉醉，连话也搭不上一句，只好作罢。以后，司马昭的心腹钟会多次访问阮籍，想请他谈谈对国事的看法，以便抓住把柄定他的罪。可阮籍整天酩酊大醉，不省人事，钟会开不了口，只好怏怏而回。

阮籍之醉可以说是真醉，也可以说是假醉，真假不在这 60 天，而是他差不多一生都在醉，这个醉就是有意识的了，因为当时的政治极为险恶，文人要想保持清白而又得善终，难乎其难。

这种缺乏起码人身保障的情形，在整个传统社会中一直没有得到根本的改变，即使在政治不那么黑暗的时候，身为官宦的人也时常需要用装傻来避免落入难以解释的困境。明代大思想家王守仁，人称阳明先生，曾任刑部、兵部主事，因为触犯了大宦官刘瑾而受了廷杖，并被贬为贵州龙场驿墨。王守仁出了朝门，换上平民服装，立即上车前往贵州。过江时，他写了一篇吊唁屈原的祭文，又写了投江绝命辞，假装投江自尽。绝命辞传到京城，刘瑾听说王守仁已死，才打消了派刺客暗杀他的念头。愚到不可及这一步，可谓鬼神莫测了。

【片言絮语】

处世要讲究哲学。该争取之处要作百倍的努力，该放弃处也要舍得松手；有时却要糊涂，善于藏巧露拙，有大度有气量，不为一时一事左右，所以"糊涂"也是一条磨砺人心志，使自己走向成功的必由之路。

9.忍一时之屈方可谋长远大业

人生之多艰，但对有志之士来说，决不会在面对忍辱之时而忧心忡忡、动摇信心。他们深深懂得，忍一时之屈才可以谋长远大业的道理。环境愈艰苦、条件越恶劣，越能磨炼人的忍耐心，越能造就战胜困难的强者。

在能成大事人的眼中，任何屈辱都不足以让其心灰意冷，相反更能鼓舞士气，激发一定要成功的欲望。在成大事的过程中，一个人难免会有受委屈的时候，而如何忍辱负重、以柔克刚，尽显本色，则是值得我们学习的。

我们都知道汉代历史学家，文学家司马迁忍辱发愤的动人事迹：司马迁触怒帝王，受刑下狱，他几次都想了断自己的生命，但三思之后，想到那些逆境中成就伟业的先贤圣哲，他决心忍辱发愤，终于经过 18 年的奋发进取，完成了巨著《史记》。由此可见，受辱之时不改志，那就有东山再起的机会，最终会创造辉煌。要做到这样，首先要有一种"眼底无穷世界宽"的博大胸怀，只要看清了，想通了，才实现了主观上的自我解放，自我超脱，才能显示出人生的真正意义。

古语说："知耻而后勇。"受辱心不惊，是一种"知耻"后的行事原则，然而有"知耻"，便有"不知耻"者。这样就出现两种截然不同的人生态度。有人知耻、忍耻到雪耻，如越王勾践卧薪

尝胆，复国雪耻；也有人受辱却不知耻，即是人们常说的厚颜无耻或恬不知耻，"乐不思蜀"的故事就给我们展示了蜀后主刘禅这个无耻之徒。

每个人的一生之中，总会有宠有辱的时候。一个有作为的人就会有博大的胸怀——受辱心不惊，就能在恶劣的环境中，保持奋进的步伐，遇到挫折、受到打击也会心境开阔，沉着冷静。即使身受耻辱，只要意志坚强就必能得最后的胜利。

一个人能否成大事，就看他能否以一种良好的习惯来控制自己，是否能够以柔克刚。能忍一时的委屈，才会有将来的成绩。

一代女皇武则天专权之时，为了给自己当皇帝扫清道路，先后重用了武三思、武承嗣、来俊臣、周兴等一批酷吏。她以严刑峻法、奖励告密等手段，实行高压统治，对抱有反抗意图的李唐宗室、贵族和官僚进行严厉的镇压，先后杀害李唐宗室达数百人，接着又杀了大臣数百家，至于所杀的中下层官吏，则多得无法统计。

在洛阳都城的四门前，武则天曾下令设置类似现在的"意见箱"的工具接受告密文书。对于告密者，任何官员都不得询问，告密核实后，对告密者封官赐禄；告密失实，并不追责。这样一来，告密之风大兴，不幸被株连者上千万，朝野上下，人人自危。一次，酷吏来俊臣诬陷平章事狄仁杰等人有谋反行为。来俊臣出其不意地先将狄仁杰逮捕入狱，然后上书武则天，建议武则天降旨诱供，说什么如果罪犯承认谋反，可以减刑免死。狄仁杰突然遭到监禁，既来不及与家里人通气，也没有机会面见武则天说明事实，心中不由焦急万分。

对狄仁杰审讯的日子很快就到了，来俊臣在大堂上读武后的诏书，就见狄仁杰已伏地告饶。他趴在地上一个劲地磕头，嘴里还不停地说："罪臣该死，罪臣该死！大周革命使得万物更新，我仍坚持做唐室的旧臣，理应受诛杀。"狄仁杰不打自招的这一手，反倒使来俊臣搞不明白他到底唱的是哪一出戏了。既然狄仁杰已经招供，

来俊臣将计就计，判他个"谋反是实"，免去死罪，听候发落。

等审判完，来俊臣退堂后，坐在一旁的判官王德寿悄悄地对狄仁杰说："你也要再诬告几个人，如果能把平章事杨执柔等几个人牵扯进来，就可以减轻你的罪行。"狄仁杰听后，感慨地说："皇天在上，后土在下，我既没有干这样的事，更与别人无关，怎能再加害他人？"说完一头向大堂中央的顶柱撞去，顿时血流满面。王德寿见状，吓得急忙上前将狄仁杰扶起，送到旁边的厢房里休息，又赶紧处理柱子上和地上的血渍。狄仁杰见王德寿出去了，急忙从袖中抽出手绢，蘸着身上的血，将自己的冤屈都写在上面，写好后，又将棉衣撕开，把状子藏了进去。一会儿，王德寿进来了，见狄仁杰一切正常，这才放下心来。

狄仁杰对王德寿说："天气这么热了，烦请您将我的这件棉衣带出去，交给我家里人，让他们将棉絮拆了洗洗，再给我送来。"王德寿答应了他的要求。狄仁杰的儿子接到棉衣，听到父亲要他将棉絮拆了，就想这里面一定有文章。他送走王德寿后，急忙将棉衣拆开，看了血书，才知道父亲遭人诬陷。他几经周折，托人将状子递到武则天那里，武则天看后，弄不清到底是怎么回事，就派人把来俊臣叫来询问。来俊臣做贼心虚，一听说太后要召见他，知道事情不好，急忙找人伪造了一纸狄仁杰的"谢死表"奏上，并编造了一大堆谎话，将武则天应付过去。

又过了一段时间，曾被来俊臣妄杀的平章事——乐思晦的儿子也出来替父伸冤，并得到武则天的召见。他在回答武则天的询问后说："现在我父亲已死了，人死不能复生，但可惜的是太后的法律却被来俊臣等人给玩弄了。如果太后不相信我说的话，可以吩咐一个忠厚清廉、您平时信赖的朝臣假造一篇某人谋反的状子，交给来俊臣处理，我敢担保，在他残酷的刑讯下，那人没有不承认的。"武则天听了这话，稍稍有些醒悟，不由想起狄仁杰一案，忙把狄仁杰召来，不解地问道："你既然有冤，为何又承认谋反呢？"狄仁杰回

答说："我若不承认，可能早死于严刑酷法了。"武则天又问："那你为什么又写'谢死表'上奏呢?"狄仁杰断然否认说："根本没这事，请太后明察。"武则天拿出"谢死表"核对了狄仁杰的笔迹，发觉完全不同，才知道是来俊臣从中做了手脚。于是，下令将狄仁杰释放。

狄仁杰与来俊臣斗法的成功，是一个典型的忍一时委屈，而最终达到目的的例子。狄仁杰的做法告诉我们，有时候以"忍"为武器与对手周旋，是斗争中的良策，相反以硬碰硬，会让自己吃大亏，这样做无论从哪方面讲都是不明智的。欲成大事者一定要记住这一点，在事业的开创中，以此为鉴，练就耐住委屈的能力，才能有出人头地的那一刻!

【片言絮语】

忍人所不能忍，需要一个人有勇气和毅力，需要一个人拥有宽大的胸襟与忍让的能力，同时，更需要一种成功者的大家风范。一个人要想做事成功，做人圆满，这种胸襟和能力是必不可少的，唯有如此，才会在关键时刻出奇制胜成就自己。

10.羊不下跪吃不了奶，牛不低头喝不着水

常言道：羊不下跪吃不了奶，牛不低头饮不着水，做人要想左右逢源，就必须彻底地领会牛低头饮水的道理。中国人历来提倡忍让为先、"吃亏是福"，这些都不是懦弱、不是胆小的表现，恰是一种博大的胸怀、做人的智慧，目的是为以屈求伸，以退求进。

张良原本是一个落魄贵族，后来作为汉高祖刘邦的重要谋士，运筹帷幄之中，辅佐高祖平定天下，因功高被封为留侯，与萧何、韩信一起共为"汉初三杰"。

张良年少时因谋刺秦始皇未遂，被迫流落他乡。一日，他到沂水桥上散步，遇见一位穿着短袍的老翁。当他走近老翁时，老翁故意把鞋掉到桥下，然后傲慢地差使张良说："小子，下去给我捡鞋！"张良愕然，不禁拔拳想要打他，但碍于对方是长者之故，不忍心下手，只好违心地下去取鞋。老人又命其给穿上。饱经沧桑、心怀大志的张良，对此带有侮辱性的举动，居然强忍不满，膝跪于前，小心翼翼地帮老人穿好鞋。

老人非但不谢，反而仰面长笑而去。张良呆视良久，老人又折返回来，赞叹说："孺子可教也！"遂约其五天后凌晨在此再次相会。张良迷惑不解，但反应仍然相当迅捷，跪地应诺。

相约五天后很快就到了，鸡鸣之时，张良便急匆匆赶到桥上。不料老人已先到，并斥责他："为什么迟到？再过五天早点儿来。"第二次，张良半夜就去桥上等候。他的真诚和隐忍博得了老人的赞赏，这才送给他一本书，说："读此书则可为王者师，10 年后天下大乱，你用此书兴邦立国；13 年后再来见我。我是济北谷城山下的黄石公。"说罢扬长而去。张良惊喜异常，天亮看书，乃《太公兵法》。从此，张良日夜诵读，刻苦钻研兵法，俯仰天下大事，终于成了一个深明韬略、文武兼备、足智多谋的政治家。

现实生活是残酷的，很多人都会碰到不尽如人意的事情。残酷的现实需要你对人俯首听命，这样的时候，你必须面对现实。要知道，敢于碰硬，不失为一种壮举。可是，胳膊拧不过大腿，硬要拿着鸡蛋去与石头斗狠，只能算作是无谓的牺牲。这样的时候，就需要用另一种方法来迎接挑战。

我们不妨做这样一个假设：你和别人开车相撞，对方的车只是"小伤"，甚至可以说根本不算伤，你不想吃亏，准备和对方理论一番，可对方车上下来几个彪形大汉，个个横眉怒目，围住你索赔，眼看四周荒无人烟的，更不可能有人对你伸出援手。请问，你要不要吃"赔钱了事"这个亏呢？你当然可以不吃，如果你能说退他们，或是能打退他们，而且自己不受伤！如果你不能说又不能打，那么看来也只有赔钱了事了。你说他们蛮横无理也罢，欺人太甚也罢，但你应该明白，在人性丛林里，是不太说"理"这个字的！优胜劣汰，适者生存，哪有什么理可说呢？因此，眼前亏不吃，换来的可能是一顿拳打脚踹或是车子被砸坏。报警？人都快被打死了，报警也来不及啊！

可见，"吃亏"的目的是为了生存和实现更高的目标，如果因为不"吃亏"而蒙受巨大的损失，甚至把命都丢了，那就真是得不偿失吃了大亏了。可是生活中有不少人，会为所谓的面子和尊严，

甚至为了所谓的正义与公理，而与对方搏斗，有些人因此而一败涂地，元气大伤。

【片言絮语】

古人说："小不忍则乱大谋。"学会暂时的让步和一时的忍耐，是一个人意志坚定的表现。在人生的很多路口或者拐弯处，学会忍耐、婉转和让步，可以获得无穷的益处，低头做人、学会隐忍才是智慧做人的金科玉律。

11.弓的收缩是为了箭射的更远

坦然和平静是做人的一种难得的心态。形势不利时要能够容忍一时之气，不做意气之争。隐忍是为了积蓄力量，待机而发。"弓的收缩是为了箭射的更远！"只有沉得住气，才能最终发得了力。

织田信长是古代日本著名将领，他看似鲁莽，实则工于心计。在争战不已的诸雄面前，他尤其善于保存实力，等待时机。武田信玄在位时，势单力薄的织田信长自知不是其对手，因而对武田信玄百般屈从。他经常煞有介事地在武田信玄耳边私语道："我太钦慕你了，你真是古今无双的大英雄。"并一再表示"请您多多指点我这个晚辈"。一有机会，他还往武田信玄家里送各种奇珍异品，甚至提出想和武田信玄家联姻。极尽谄媚取宠之能事，让武田信玄认为他

是一个奴颜婢膝、胸无大志的小人，因而放松了对他的警惕。

武田信玄去世后，其子武田胜赖骄狂好战，攻取了织田信长的 18 个城寨。织田信长遭此欺凌，仍然装出一副委琐、不敢还击的样子。当然，织田信长绝非苟且偷安的平庸之辈，只是因为时机未到，不敢轻举妄动。他一面整军备战，蓄力以待；一面挑动武田胜赖与其他诸侯的矛盾，让他们相互厮杀，坐视着武田军队的消减衰弱。隐忍七年之后，他看到时机来了，才出兵讨伐武田胜赖，并一举成功。

蓄力以待，相机而行，也是弱者战胜强者的一副良方。织田信长以无比的忍耐力，捕捉敌我势力消长之契机，获得成功。

教皇在中世纪的欧洲的时候，是基督教会的首脑。那时候，由于各个王国内封建主割据林立、连年混战，造成王权衰弱，局势混乱。当时只有罗马教皇可以统一指挥各国、各地区的教会，加上各民族又都信仰基督教，因此教会在群众中影响很大，这就使得罗马教廷成了凌驾于各国之上的政治实体。国王登位、加冕要由教皇来主持；和国王同行时，教皇骑马，国王只能步行；接见的时候，教皇坐着，国王要屈膝敬礼。

当时神权高于王权。不仅如此，教会还在各个国家拥有三分之一的土地，并且向各国居民收取"什一税"，一个人从出生、成年、结婚一直到老死，处处都要受教会的管理和控制，教会拥有自己的监狱和刑法，还用"开除出教"的办法来对付一切反抗者。这是一种最令人胆战的惩罚，连国王、皇帝也不例外。

公元 1076 年，德意志神圣罗马帝国皇帝亨利与教皇格里高利争权夺利，斗争日益激烈，发展到了势不两立的地步。亨利想摆脱罗马教廷的控制，教皇则想把亨利所有的自主权都剥夺殆尽。在矛盾激烈的关头，亨利首先发难，召集德国境内各教区的主教们开了一个宗教会议，宣布废除格里高利的教皇职位。而格里高利则针锋相对，在罗马的拉特兰诺富召开了一个全基督教会的会议，宣布驱逐

亨利出教，不仅要德国人反对亨利，也在其他国家掀起了反亨利的浪潮。

在当时的那种社会环境里，教皇的号召力非常之大，一时间德国内外反亨利力量声势震天，特别是德国国境内的大大小小的封建主都兴兵造反，向亨利的王位发起了挑战。亨利面对危局，被迫妥协，于1077年1月身穿破衣，骑着毛驴，只带着两个随从，冒着严寒，翻山越岭，千里迢迢前往罗马，向教皇认罪忏悔。但格里高利故意不予理睬，在亨利到达之前躲到了远离罗马的卡诺莎行宫。

亨利没有办法，只好又前往卡诺莎去拜见教皇。到了卡诺莎后，教皇紧闭城堡大门，不让亨利进来。为了保住皇帝宝座，亨利忍辱跪在城堡门前求饶。当时大雪纷飞，天寒地冻，身为帝王之尊的亨利屈膝脱帽，一直在雪地上跪了三天三夜，教皇终于开门相迎，饶恕了他。

亨利恢复了教籍，保住王位返回德国后，集中精力整治内部，然后派兵把一个个封建主各个击破，并剥夺了他们的爵位和封地，把曾一度危及他王位的内部反抗势力逐一消灭。在阵脚稳固之后，他立即发兵进攻罗马，以报"跪求之辱"。在亨利的强兵面前，格里高利弃城逃跑，最后客死他乡。

众人皆知，亨利的"卡诺莎之行"是别有用心的。在他与教皇对峙，国内外反对声一片，特别是内部群雄并起，王位岌岌可危的情况下，他能不惜受辱取得暂时的谅解，以便重整旗鼓，东山再起，为和教皇较量赢得喘息时间。结果，最终是他笑到了最后。

古今中外英雄成功的历史说明，目标如果不在实力、威望达到适当程度时进行，只会招致失败。时机不成熟时，就必须以退为进，积蓄力量，等待能发力的时机。但是，古往今来，在政坛、商界，各行各业，哪有人不明白忍功的重要？但说起来容易，真正做到的人很少，在紧要关头，偏偏忍不住，而是意气用事，就会应了"小

不忍则乱大谋"这句话。相反地，能忍得住，也能狠得下心委屈自己，那自然稳操胜券了。

【片言絮语】

要想成功做人，就必须具有胸怀宽广、能屈能伸的资质和能耐！在形势不利于自己时，要能沉得住气，如果一时冲动沉不住气，时机未成熟就贸然行动，只会使自己败得更惨。只有积蓄力量，方能在时机来临时发得了力，才能一举克敌，旗开得胜。